国家出版基金项目
NATIONAL PUBLICATION FOUNDATION

"十三五"国家重点图书出版规划项目
中国特色畜禽遗传资源保护与利用丛书

梅　山　猪

杨剑波　　主编

中国农业出版社

北　京

图书在版编目（CIP）数据

梅山猪/杨剑波主编 . —北京：中国农业出版社，
2020.1
（中国特色畜禽遗传资源保护与利用丛书）
国家出版基金项目
ISBN 978-7-109-26722-0

Ⅰ．①梅…　Ⅱ．①杨…　Ⅲ．①养猪学　Ⅳ．①S828

中国版本图书馆 CIP 数据核字（2020）第 051433 号

内容提要：我国地方猪品种资源丰富，性能独特。梅山猪以繁殖力高、母性好、耐粗饲等优异性能闻名于世。本书共十章，系统地介绍了梅山猪的起源和形成过程、品种特征和性能、品种保护、品种繁育、营养需要与常用饲料、饲养管理技术、疫病防控、养殖场建设与环境控制、废弃物处理与资源化利用、开发利用与品牌建设等。

本书以大量文献资料为基础，数据翔实，来源可靠，图片真实，可作为畜牧科技工作者、畜牧生产人员的参考用书。

中国农业出版社出版
地址：北京市朝阳区麦子店街 18 号楼
邮编：100125
责任编辑：徐　芳　肖　邦
版式设计：杨　婧　　责任校对：刘丽香
印刷：北京通州皇家印刷厂
版次：2020 年 1 月第 1 版
印次：2020 年 1 月北京第 1 次印刷
发行：新华书店北京发行所
开本：720mm×960mm　1/16
印张：13　插页：2
字数：225 千字
定价：88.00 元

丛书编委会

本书编写人员

主　　编　杨剑波
副主编　吴井生　骆桂兰　宋春雷
编　　者　（以姓氏笔画为序）
　　　　　丁　威　王煜恒　邢　军　李定国　杨剑波
　　　　　吴井生　宋春雷　陈　军　骆桂兰
审　　稿　张建生　王希彪

　　我国是世界上畜禽遗传资源最为丰富的国家之一。多样化的地理生态环境、长期的自然选择和人工选育，造就了众多体型外貌各异、经济性状各具特色的畜禽遗传资源。入选《中国畜禽遗传资源志》的地方畜禽品种达500多个、自主培育品种达100多个，保护、利用好我国畜禽遗传资源是一项宏伟的事业。

　　国以农为本，农以种为先。习近平总书记高度重视种业的安全与发展问题，曾在多个场合反复强调，"要下决心把民族种业搞上去，抓紧培育具有自主知识产权的优良品种，从源头上保障国家粮食安全"。近年来，我国畜禽遗传资源保护与利用工作加快推进，成效斐然：完成了新中国成立以来第二次全国畜禽遗传资源调查；颁布实施了《中华人民共和国畜牧法》及配套规章；发布了国家级、省级畜禽遗传资源保护名录；资源保护条件能力建设不断提升，支持建设了一大批保种场、保护区和基因库；种质创制推陈出新，培育出一批生产性能优越、市场广泛认可的畜禽新品种和配套系，取得了显著的经济效益和社会效益，为畜牧业发展和农牧民脱贫增收作出了重要贡献。然而，目前我国系统、全面地介绍单一地方畜禽遗传资源的出版物极少，这与我国作为世界畜禽遗传资源大国的地位极不相称，不利于优良地方畜禽遗传资源的合理保护和科学开发利用，也不利于加快推进现代畜禽种业建设。

为普及对畜禽遗传资源保护与开发利用的技术指导，助力做大做强优势特色畜牧产业，抢占种质科技的战略制高点，在农业农村部种业管理司领导下，由全国畜牧总站策划、中国农业出版社出版了这套"中国特色畜禽遗传资源保护与利用丛书"。该丛书立足于全国畜禽遗传资源保护与利用工作的宏观布局，组织以国家畜禽遗传资源委员会专家、各地方畜禽品种保护与利用从业专家为主体的作者队伍，以每个畜禽品种作为独立分册，收集汇编了各品种在管、产、学、研、用等相关行业中积累形成的数据和资料，集中展现了畜禽遗传资源领域最新的科技知识、实践经验、技术进展与成果。该丛书覆盖面广、内容丰富、权威性高、实用性强，既可为加强畜禽遗传资源保护、促进资源开发利用、制定产业发展相关规划等提供科学依据，也可作为广大畜牧从业者、科研教学工作者的作业指导书和参考工具书，学术与实用价值兼备。

丛书编委会

2019 年 12 月

序言

　　我国是世界畜禽遗传资源大国，具有数量众多、各具特色的畜禽遗传资源。这些丰富的畜禽遗传资源是畜禽育种事业和畜牧业持续健康发展的物质基础，是国家食物安全和经济产业安全的重要保障。

　　随着经济社会的发展，人们对畜禽遗传资源认识的深入，特色畜禽遗传资源的保护与开发利用日益受到国家重视和全社会关注。切实做好畜禽遗传资源保护与利用，进一步发挥我国特色畜禽遗传资源在育种事业和畜牧业生产中的作用，还需要科学系统的技术支持。

　　"中国特色畜禽遗传资源保护与利用丛书"是一套系统总结、翔实阐述我国优良畜禽遗传资源的科技著作。丛书选取一批特性突出、研究深入、开发成效明显、对促进地方经济发展意义重大的地方畜禽品种和自主培育品种，以每个品种作为独立分册，系统全面地介绍了品种的历史渊源、特征特性、保种选育、营养需要、饲养管理、疫病防治、利用开发、品牌建设等内容，有些品种还附录了相关标准与技术规范、产业化开发模式等资料。丛书可为大专院校、科研单位和畜牧从业者提供有益学习和参考，对于进一步加强畜禽遗传资源保护，促进资源可持续利用，加快现代畜禽种业建设，助力特色畜牧业发展等都具有重要价值。

中国科学院院士
中国农业大学教授　吴常信

2019 年 12 月

前言

我国是世界上畜禽遗传资源最为丰富的国家之一。畜禽遗传资源同其他资源一样，是畜牧业发展的基础，是国家发展战略的重要物质基础，是国家食物安全和经济产业安全的重要保障。在现代化生产的背景下，种源与育种水平已成为国际畜牧行业竞争的主要筹码，也是影响我国畜牧业可持续发展的主要因素之一。

就全国而言，多年来系统介绍单一地方品种或我国自主培育、具有知识产权畜禽品种的图书极少，即使是多年从事畜牧工作的人员对很多优秀地方品种和自主培育品种的认知与了解也极为有限，这不仅极大地阻碍了优良地方品种的保护和开发，也阻碍了自主培育品种在生产中的应用推广。

为了进一步挖掘和整理地方畜禽遗传资源，宣传推广自主培育的优良畜禽品种，加强资源保护与可持续开发利用工作，为种质创新提供素材和依据，为畜牧业健康可持续发展提供资源保障和技术支撑，中国农业出版社联合业界同仁，共同策划了"中国特色畜禽遗传资源保护与利用丛书"。

梅山猪原为太湖猪 7 个地方类群之一，2011 年出版的《中国畜禽遗传资源志·猪志》对"同种异名"的太湖猪进行了调整和表述，也将梅山猪作为独立的猪品种进行表述。梅山猪以繁殖力高、母性好、耐粗饲等优异性能闻名于世，同时关于梅山猪的研究起步早，报道多，经过大量的试验报道，梅山猪的种质资源特性也逐渐清晰和明朗。本书是在总结吸纳前人经验，并进行大量调研走访、收集资料的基础上编写而成。

本书共分十章，由参与国家级梅山猪保种工作的江苏农林职业技术学院的老师编写，杨剑波任主编。编写分工如下：第一、二章，杨剑波；第三章，吴井生；第四章，吴井生、李定国；第五章，王煜恒；第六章，邢军；第七章，宋春雷；第八章，陈军；第九章，丁威；第十章，骆桂兰。张建生、王希彪负责审稿。

本书在编写过程中参考了有关中外文献，并引用了其中的数据资料，编者对这些文献和资料的作者表示诚挚的感谢。感谢老一辈畜牧兽医工作者长期的工作坚持和数据积累，为这本书的出版奠定了坚实的基础。

　　本书是对梅山猪（中型、小型）的总体概述，由于笔者水平有限，书中不当之处在所难免，希望广大读者予以批评指正。

编　者

2019 年 10 月

目

录

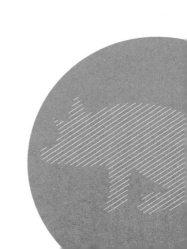

第一章
品种起源和形成过程

梅山猪（Meishan pig）是由长江下游南部地区的一个古老猪种——大花脸猪演变而来的，主要分布于太湖排水干道的浏河两岸地区。清代《嘉定县志》载："梅山猪原有大、中、小三个类型。"大梅山猪现已绝迹。梅山猪是太湖猪种的典型代表，素以繁殖力高著称于世，是迄今国际上已知产仔数最高的一个品种，兼有肉质好、耐粗饲、抗病力强等优良特性。梅山猪鼻吻和四肢蹄部被毛白色，为"玉白鼻、四脚白"特征，五个部位如同白色"梅花"的五片花瓣，故称为"梅花猪"；梅山猪除四肢外，通体与"山猪"的黑色毛色极为相似，民间有时亦称之为"山猪"，"梅山猪"即"梅花猪"和"山猪"的首字合成词。梅山猪作为高产母本被各地广泛引种，自 20 世纪 70 年代起还多次出口欧洲、亚洲、美洲，在世界各地培育出诸多专门化品系并誉满全球。

第一节　产区自然生态条件

梅山猪的原产地主要在太湖排水干道的浏河两岸，后延伸至上海市的嘉定区、青浦区东部、宝山区西部，江苏省的太仓、昆山、海门、如东、江浦等县（市），以及南京雨花台区、镇江市、句容市。梅山猪早期分布不广泛，主要分布于江苏太仓市、昆山市和常熟市东部的部分乡镇。随着原产地社会经济的快速发展，梅山猪饲养出现逐渐"北移"现象，目前在江苏省南通、徐州、泰州、苏州等地饲养数量较多。20 世纪 80 年代梅山猪在国际上产生较大反响以后，国内其他省份也纷纷引种，目前，福建、湖北、浙江、云南、新疆、陕西及东北三省等均有梅山猪饲养。

自然地理环境是畜牧业生产发展的重要物质条件。太湖流域地处长江下游沿江沿海的平原地带，茅山-宜溧山区以东，东接上海市，南接浙江省，主要是由江、湖、海冲积而成，属第四纪沉积层，是一个典型的湖荡水网平原。常州北部，太仓市全部，松江区、嘉兴市和杭州东部的沿海沿江的高田地带，地形起伏坡度不大，海拔高度超过 4 m，土壤以砂质土壤为主，透水性较强，微呈碱性；常州南部，苏州大部，嘉兴西部和湖州、杭州东部的低田地带，海拔基本保持在 4 m 以下，以黏质土壤为主，湖荡交错，排灌均宜。太湖流域东部又紧挨杭州湾和长江口水体，故本区气候温润，与同纬度内地的气温相比，夏季略低，冬季又稍高，平均温度保持在 15.5～16.5 ℃，属于亚热带和暖温带过渡地区的湿润季风气候。四季交替分明，丰富的光、热、水分资源和相对较长的无霜期（年平均在 240 d 左右），为多种农作物的生长和多种耕作制度的发展提供了天然的有利条件，同时也保证了以此为依托的养猪业的发展。

第二节　产区社会经济变迁

太湖流域自古以来就是鱼米之乡，实行夏秋两熟耕作制度，夏熟主要作物是小麦、油菜、蚕豆、绿肥作物等，秋熟主要作物是棉花、水稻、大豆等。明代末期《沈氏农书》载："猪专吃糟麦""烧时必抹沓糠，喂时必净去之"。随着养猪知识的不断累积，人们逐渐认识到"凡水陆草叶根皮无毒者，猪皆食之"，于是新的饲料来源不断被开发。元代《王祯农书》记载："江南多湖泊，取萍藻及近水诸物，可以饲之"，即利用浏河两岸丰富河泊水面，放养水生饲料，获取水花生、水浮莲和水葫芦，利用闲地种植青绿饲料和牧草饲料等，皆可用来养猪。当地农副产品米糠、麸皮、菜饼与青绿饲料、牧草饲料和水生饲料等丰富的饲料资源，不仅促进了梅山猪的耐粗饲特性，而且饲料内含有丰富的维生素和微量元素且磷多钙少，有利于促进猪生殖器官发育和增加排卵数，提高母猪繁殖性能。

浏河两岸地区人民不断改善种植业结构，陶澍曾说："吴民终岁树艺，一麦一稻。"即浏河两岸人民形成了水稻小麦两熟或水稻油菜两熟的耕作方式，注重种植业、畜牧业和副业的互相结合。重视养猪肥田，以牧促农，也就是以米糠、麸皮和酒糟等农副产品养猪，以猪粪作为肥料施肥农田。《沈氏农书》载："种田地，肥壅最为要紧。"清代《南浔镇志》载："乡人畜猪羊并取其粪秽壅田。"清代《补农书》对浏河两岸地区的这种以农养猪、以猪肥田的农牧生态循环进行总结:"人畜粪与灶灰脚泥,一入田地,便将化为布、帛、菽。"养猪积肥,农牧结合,以养猪业促进种植业。宋代《吴兴志》载:"田家多豢豕,皆置栏圈。"古人云:"囷中米多,棚中猪多。"即种植业的增产丰收有力地促进了当地养猪业的发展。

浏河两岸地区居民各种肉类消费中以猪肉消费居首,猪肉为人们提供了必需氨基酸等营养。《嘉定县志》记载:"每岁土物之供,其中有肥猪。"可以看出嘉庆年间猪已经成为珍贵贡品。猪肉是穷人的节庆膳食、富人的日常肉食。清代《周庄镇志》中所载"屠肆所宰不过六七十斤,柔嫩皮薄,远胜他处",展现了浏河两岸所产猪肉质柔嫩鲜美的特点。明清以来,浏河两岸地区祭祀也需用猪肉,民间祭祀活动以猪肉作牲,年末岁终时,百姓人家杀猪祭祀祖先,称为"杀年猪"。19世纪以来,随着太湖流域的人口大量增加,土地的利用率日益提高,农作物品种以棉花为主改变为粮棉并重,继而转为以粮为主。由于农作物栽培布局的改变,扩大了粮食作物种植面积,加上土地复种指数提高,耕作精细,所需有机肥量增加,养猪业随之得到进一步发展。

第三节　品种形成的历史过程

太湖地区养猪的历史十分悠久,可以上溯到新石器时期。在距今7 000多年前的浙江桐乡罗家角遗址就出土过猪的骨骼和一件陶猪。江苏省常州市戚墅堰圩墩遗址出土的猪下骸骨经考证,距今也有6 000年左右的历史。从上海市马桥遗址出土的大量猪骸骨证明,早在3 000多年前的殷商时期该地区就有家猪饲养。陈效华等1964年调查,长江下游的沿江沿海地区(太仓、嘉定、上海、松江等地),早在明万历年间(1573—1619),已发展成为重要的产棉区,耕地"三分种稻,七分种棉"。最初,粮食与饲料供不应求,养猪数量较少。随着产区人口增多,粮食种植面积扩大,养猪逐渐增多。到了清代(1644年后),这里出现了一个与江北有所不同的猪种。据清代《上海县志》记载:"邑产皮厚而宽,有重二百余斤者",这种猪体大骨粗,头大皮厚,皱褶多而深。毛色有全黑、全白和黑白花几种。

肖先娜和李群在《太湖猪养殖历史研究》中论述明朝政府大力恢复经济,浏河两岸地区养猪以富户人家为主,吃肉特别讲究,特别是蹄髈要求脂肪中等、胶质较多，经过长期选育，形成了大花脸猪个体大、皮厚的特点。

随着浏河两岸地区农业结构的变化，粮食作物种植面积扩大，米糠、麸皮、菜粕等饲料供应充足，同时广辟青绿饲料和水生饲料来源，养猪数量逐渐增多，明代《常熟县志》载："猪，人家畜养以供屠宰，民间亦或有孳生者。"《沈氏农书》载："母猪胎可产仔猪十四头"，表明当时长江下游浏河两岸地区大花脸猪种已经具有产仔数多的特性。19 世纪中期太湖地区的晚熟皮厚大花脸猪已不能适应市场需求，在江苏的武进和金坛地区出现了一种具有个体小、皮薄、脂肪较厚、肉质鲜嫩、早熟、增重快等特性的"米猪"。随着太湖地区商业的交往，猪的流动性增大，大花脸猪与"米猪"两猪种间的杂交越来越频繁。经过当地劳动人民的杂交和不断选育，大花脸猪逐步演变成具有高繁殖力、肉质鲜嫩、皮薄、早熟特性的梅山猪。《周庄镇志》载："乡间豢养母猪，每产二、三十子"，表明当时猪种与梅山猪高繁殖力特性相一致。民国时期上海市社会局的调查，上海一带农家所饲养的猪种在浦西一带黑色种较多，且表现出耳大下垂，颈肥厚，骨骼较粗，体型较大，且生长较慢，似嘉定梅山猪。民间梅山猪原有小型、中型和大型三个类型，大型梅山猪现已绝迹，梅山猪现有细脚梅山猪和粗脚梅山猪两种类型，细脚梅山猪即为小型梅山猪，粗脚梅山猪即为中型梅山猪。

由于原产地经济的快速发展，传统养殖方式给环境带来的污染问题，梅山猪的分布区域已明显向北迁移，由江苏南部向长江北部的苏中、南通市周边迁移。由于农业和养猪方式的改变，江苏南部养猪数量逐年减少，且大多饲养瘦肉率高、生长快的外国猪种。2006 年调查，江苏全省有存栏梅山猪母猪 13.6 万头。其中，南通市最多，占 46%（基本集中在如东县），徐州占 25.3%，泰州占 2.9%，原产地苏州占 3.8%，其他各市存栏量在 5 000 头以下；江苏全省有梅山猪公猪 465 头，其中徐州有 376 头，苏州 25 头，南通 22 头，连云港 15 头，宿迁 11 头，镇江 10 头，南京 3 头，无锡、扬州、泰州各 1 头。

梅山猪在国外部分国家和地区也有饲养。20 世纪 60 年代和 70 年代，我国分别少量赠送给阿尔巴尼亚和泰国。1979 年农业部向法国农业部赠送了梅山猪、嘉兴黑猪和金华猪共 9 头（各 1 头公猪、2 头母猪）。法国国家农业研究院对梅山猪进行了深入细致的研究，利用梅山猪血统为主的中国猪基因培育了两个中欧合成系——嘉梅兰和太祖母。1982—1988 年，有关部门从江苏省苏州市将梅山猪种猪出口到匈牙利、朝鲜、罗马尼亚、日本等国，共计公猪

33 头、母猪 169 头。日本在 1986—1989 年，共引进我国梅山猪 107 头，其中公猪 18 头、母猪 89 头，在日本国内组织了一个"中国猪利用协会"，以总结交流对太湖猪的研究情况。1988 年，中国种畜进出口公司与美国农业部农业研究署签订了出口 144 头猪的合同（其中梅山猪母猪 66 头、公猪 33 头），同时美国迪卡博公司另购梅山猪公猪 12 头，或通过间接渠道从第三国引入梅山猪，先后开展了不同杂交组合试验、生殖生理学基础研究、基因图谱研究和品系研究等。国外对梅山猪的系统研究，取得了大量有价值的论文以及嘉梅兰和太祖母等令世人瞩目的成果，对世界各国猪育种工作发挥了较大作用。

2011 年，国家畜禽遗传资源委员会组编的《中国畜禽遗传资源志·猪志》对太湖猪存在的"同种异名"的猪品种进行了适当的调整和表述，"太湖猪"由于类群间性能差异较大，相互之间也不再有血统交流，已形成相对闭锁的独立群体，类型不再合并，均作为一个相对独立的猪品种进行表述，"梅山猪"正式成为一个独立的猪品种。2017 年 6 月 1 日，农业部第 2535 号公告，正式将国家级太湖猪（梅山猪）保种场更名为国家级梅山猪保种场。

梅山猪作为优秀的地方猪种质资源，2000 年作为太湖猪类群之一（二花脸猪、梅山猪）被列入我国第一批保护品种名录——《中国国家级畜禽遗传资源保护名录》，2006 年再次收录于国家级畜禽遗传资源保护名录（农业部第 662 号公告），2014 年升格为品种收录于新修订的《中国国家级畜禽遗传资源保护名录》（农业部第 2061 号公告）。2008 年至今先后有 5 家单位确立为国家级梅山猪保种场，其中梅山猪（中型）保种场有上海市嘉定区梅山猪育种中心［第一批国家畜禽遗传资源保种场（农业部第 1058 号公告，2008 年 7 月 7 日）］、江苏省苏州市昆山市梅山猪保种有限公司［第六批国家畜禽遗传资源保种场（农业部第 2535 号公告，2017 年 6 月 1 日）］，梅山猪（小型）保种场有江苏省吴中区江苏省苏州苏太企业有限公司［第一批国家畜禽遗传资源保种场（农业部第 1058 号公告，2008 年 7 月 7 日）］、江苏省句容市江苏农林职业技术学院［第一批国家畜禽遗传资源保种场（农业部第 1058 号公告，2008 年 7 月 7 日）］和苏州市太仓市种猪场［第二批国家畜禽遗传资源保种场（农业部第 1587 号公告，2011 年 5 月 30 日）］。

第二章
品种特征和性能

第一节　体型外貌

一、外貌特征

在梅山猪育成史上，由于产区经济条件的差异及选种要求不同，梅山猪原种中逐渐形成了小型、大胳伙型和马陆型三种类型。这三种类型在外貌和性能上各有特点，具体如下：

（1）小型梅山猪　滑面尖嘴微翘，呈"朝板"状，俗称"朝板脸"。头小额狭，间有竖纹。颊薄，三角眼，耳薄下垂过嘴筒。皮薄，细致，呈紫红色。毛黑而稀，鬃毛粗硬。背腰平直，重胎期背线微凹，腹线下垂。尖脚壳，胫部坚实有力，行动灵活。乳腺发达，丁香乳头 17～18 个。成年母猪体重可达100 kg。

（2）大胳伙型　长鼻筒，翘嘴，阔额，横纹粗，竖纹浅，眼较大，耳大下垂超过下额。皮厚薄中等，紫红色或白色。毛稍黑而稀。胸稍深而窄。骨骼较粗，斜臀，背较宽。体型高大，四肢粗壮，卧系，俗称"骆驼脚"。行动迟钝。体重可达 180 kg。

（3）马陆型　俗称"木鱼头"。嘴筒短平，额宽阔，额部横纹多且深，耳大下垂过嘴筒，眼眶肉多。毛粗硬而稀，皮粗厚。体躯腿部多皱褶。肩部宽而平直。四肢粗壮有力，圆脚壳。乳头较粗大，行动迟钝，护仔性差。

由于各类型猪之间不断杂交和选育，20 世纪 60 年代形成了细脚梅山猪和粗脚梅山猪。它们的体型外貌和生产性能特征如下：

（1）细脚梅山猪　头小，脸平滑，嘴筒略长，额纹少，二颊厚，三角眼，耳下垂齐嘴。皮薄细致，头部呈淡黑色，腹部皮肤紫红色。背线平直，腰下垂，身体浑圆，后躯丰满，四肢健壮、较细短，行动灵活。乳腺发达，丁香乳头 16～18 个。成年母猪体重 120 kg 左右。

（2）粗脚梅山猪　嘴筒稍长，鼻梁略上突，额部皱纹多而浅，颊面略窄，耳大下垂过嘴角。毛黑而稀疏，躯干皮肤紫红色。背线微凹，腹线下垂，后臀微斜。四肢较高，粗壮有力，飞节处有皱褶。体质健壮，结构较疏松，性情温和。乳腺发达，乳头细长，乳头 16～18 个。成年母猪体重 175 kg 左右。

1979 年成立的太湖猪育种委员会按梅山猪体型大小分为小型梅山猪和中型梅山猪两种，其主要外貌特征和性能特征如下（表 2-1）：

（1）小型梅山猪（小梅山猪）　体型略小、皮较薄、早熟、繁殖力高、泌乳能力强、使用年限长和肉质鲜美。身体紧凑而细致，嘴筒较长，鼻吻多有"玉鼻"，少数腹部有白斑，面部和体躯皱纹少而浅。后躯较丰满，肋骨多为14 对，腰较长。四肢较短，成年母猪管围平均为 16 cm，被毛以黑毛为主，四肢及鼻吻为白色，有"四脚白"特征。乳头 9 对以上，繁殖性能较好，死胎少，哺育成活率较高。护仔性强，反应灵活。

（2）中型梅山猪（中梅山猪）　体型较大，皮较厚而粗，毛呈浅灰色、较稀，躯干和四肢的皮肤松弛，面部有深的皱纹，耳大下垂，胸深且窄，腹部下垂，腰线下凹，斜尻，大腿欠丰满，四脚有白毛，腿较短。嘴吻多有"玉鼻"，且嘴筒短而宽，额部皱纹多且深。背较宽，臀稍大。四肢较粗大结实，管围多在 20 cm 以上，有"四脚白"特征。乳头多呈葫芦形。

表 2-1　中型梅山猪与小型梅山猪的主要区别

（陈建生，2014，中国梅山猪）

外貌特征	中型梅山猪	小型梅山猪
体型	较高大，粗犷	较小，细致而紧凑
皮色	黑色，皮较厚而粗	黑色，皮薄
头面	嘴筒短而宽，额部皱纹多且深，耳大下垂，多有"玉鼻"	嘴筒较长，额部皱纹少而浅，多有"玉鼻"
膘厚	背宽臀大	后躯较丰满
四肢	粗大结实，为"四脚白"	较短，为"四脚白"

二、体重和体尺

江苏农林职业技术学院梅山猪（小型）育种中心和昆山市梅山猪（中型）

保种有限公司测量梅山猪体重和体尺如表 2-2 所示。

表 2-2 梅山猪不同类型、不同年龄体重和体尺

类型	月龄	性别	头数	体重 (kg)	体长 (cm)	胸围 (cm)	体高 (cm)	腿臀围 (cm)	管围 (cm)
小	6	公	19	49.29	92.11	80.45	48.25	61.42	14.45
		母	42	33.98	82.15	72.23	48.80	52.22	12.98
	成年	公	12	126.50	122.10	131.20	73.30	78.46	21.80
		母	85	121.10	118.50	110.99	62.38	80.58	16.58
中	6	公	15	58.44	92.00	90.40	53.40	72.80	16.00
		母	15	54.16	87.80	81.20	48.60	67.00	16.40
	成年	公	15	185.75	138	137.25	79.00	106.80	25.20
		母	15	133.59	133.07	124.00	71.39	104.40	21.60

第二节　生物学特性

一、性行为

公猪的性行为包括寻求配偶、调情、爬跨以及交配等行为。小公猪在哺乳期间（太湖猪在 14～15 日龄）就出现非感应性爬跨，虽有类似交配的向前挺进的动作，但对发情母猪不表现特异性的追逐和爬跨行为，故称为"戏爬跨"。梅山猪公猪开始产生精子的时期发生于 56～84 日龄。公猪初情期的精液质量和数量均低于成年期，主要表现为射精量少、精子密度低、精子活力差、畸形率高。梅山猪性欲旺盛，人工采精比较方便，一般只要调教 3～5 次就能使用。性成熟后的公猪群养会出现相互爬跨并排出精液，此时要及时调群单栏饲养，以免公猪阴茎损伤或自淫造成公猪不能正常使用。

梅山猪母猪的初情期和性成熟期一般较公猪晚，小母猪在性发育阶段的生殖内分泌模式与小公猪基本类似。Prunier 将梅山猪的性成熟发展分为 4 个阶段：①初生阶段，表现为 FSH 和 LH 分泌量波峰均高；②幼稚阶段（10 日龄左右），LH 分泌量低，FSH 分泌量仍很高；③性发育启动阶段，为 60 日龄左右，由于 LH 波峰的刺激，卵巢中卵泡腔形成并增殖；④等待阶段，为 90 日龄左右，LH 波峰数和 FSH 分泌量下降，卵巢分泌雌激素对垂体分泌功能起抑制作用。梅山猪母猪 3 月龄可达性成熟，比国外品种早 4 个月左右，也普遍早于国内其他一些地方品种。

母猪性成熟后，发情症状十分明显，通常表现为阴户红肿、鸣叫不安、爬跨同圈猪或跳栏、呆立不动等。可将梅山猪母猪发情行为总结为三个阶段：①"唤郎"，以鸣叫、不安为主要表现，经产母猪持续时间平均为 15 h；②"望郎"，以爬跨同圈猪或跳栏为主要表现，持续时间经产母猪平均为 15 h，以上两个阶段实际上是发情前期；③"等郎"，其特点是公猪爬跨或用力压背时呆立不动，表现出静立反射，经产母猪的候配反应持续期平均为 34 h，此时间是配种的最好时间。此后母猪拒绝公猪爬跨，用力压背时，母猪跑动，且阴户红肿渐趋消退，进入发情后期。

二、分娩行为

梅山猪母猪临产前，会发生一系列生理反应：分娩前乳房逐渐膨大，乳头呈八字形向两侧分开，呈潮红色、发亮，用手挤压乳头有少量稀薄乳汁流出；对于传统产床模式，母猪会利用放置的干稻草做窝，表现出明显的"衔草做窝"行为；临产前母猪表现精神极度不安，呼吸急促，来回走动，频频排尿，阴门有黏液流出，乳头可挤出较多乳汁；如母猪躺卧，四肢伸直，阵缩间隔越来越短，全身用力努责，阴户流出羊水，则很快就要生产。在分娩刚开始时，又表现出不安，有些母猪开始产仔时又起立，后期则表现安静。分娩姿势并无一定规律。在开始产仔后不久，母猪就开始放乳，并发出"哼哼"叫声，仔猪哺乳能加速母猪分娩。

三、日常行为

1. 采食行为　梅山猪采食行为中最明显的是拱食。猪采食过程中都会力争占据最佳槽位，保证能够较快、较多地进食饲料。社会地位高的猪会占据最佳位置，如果其他猪试图抢食，则会出现争斗现象。其他猪一般会躲避到食槽的一角，甚至前蹄踏入食槽，保证能够尽量多地采食，同时避免被攻击。

2. 排泄行为　猪的排泄是有时间性和区域性的，猪场内集中排泄时间基本在采食饮水后，一般在采食后 5 min 左右开始排粪，然后会排尿，但是也存在由于腹泻等原因造成的乱排行为。猪选取阴暗潮湿的角落排泄，如果为金属栏杆，则容易受邻栏猪的影响。梅山猪的排泄地点具有固定性，且圈舍、猪体表较干净，为转群后的卫生处理带来了可调性。转群前在既定排泄区提前用水打湿，放上原来猪群的新鲜猪粪后转群，可有效地控制栏内猪的排泄区域，从而降低工人清粪的劳动强度。

3. 社会行为　猪常见的社会行为包括相互依赖的群居行为和为争夺饲料、地盘及社会地位的争斗行为。猪有良好的群居性。猪群体中的个体之间存在各种交互作用，其中同一窝猪，可以组成熟悉的群体而表现出良好的群居性。群居对于猪而言有其特定意义。在家猪还没有培育出来的时候，群居可以增加其逃生的概率。群居生活也可减少外界环境的变化给猪带来的应激，特别是在冬季，可以很大程度上减少热量的散失。如果群体过小，舍内温度过低，猪不能群居取暖，能量损耗增加，对猪的生长发育不利，故每圈应至少饲养 3 头。单圈饲养效果最差，猪因缺乏安全感，会加重心理负担，阻碍生长发育，即便在适合的温度下，刚出生的仔猪如果单养，出现无法适应而死亡。

猪具有明显的社会等级，这种等级是在猪争夺饲料和地盘的过程中形成的。这个等级从仔猪出生起就已形成。仔猪在出生后几小时内，为了争夺母猪前端的乳头，就会出现争斗行为。常可以看到先出生且体重大的仔猪占据前面的乳头位置，而弱小的仔猪则会被排挤而只能吸吮后边的乳头。猪并群时也表现出竞争的习性，如大欺小、强欺弱和欺生等好斗性，以形成等级、排出位序，这是优胜劣汰的自然规律。适度争斗行为对个体的成长是有利的，可以促进个体的运动和采食量，从而增加其生产性能和猪体健康水平，甚至可促进发情。但如果饲养密度过大，群内咬斗次数和强度升级，会造成猪群吃料攻击行为增加，甚至会使猪产生恶癖，降低猪的采食量和日增重。

4. 母性行为　猪的母性行为主要有絮窝、哺乳、防卫等，其护仔性强，与外来品种猪母性行为有着明显的差异性。梅山猪在分娩前会将稻草衔至角落处，咀嚼成柔软的垫草絮窝；产仔后母猪依然会收集稻草絮窝，哺乳时躺在稻草边缘，以保证仔猪可以躺在稻草上。梅山猪行走、躺卧时十分谨慎，且躺下前用嘴将仔猪全部赶到躺卧区外，以免压到仔猪。梅山猪母猪在分娩前可挤出初乳，产后 1～2 d，仔猪可随时吃到母乳，以后只在一定的时间内哺乳。哺乳母猪一昼夜哺乳次数在 20 次以上，接近哺乳时间，母猪会连续低声叫唤仔猪，这时仔猪从躺卧中起来，边叫边找到各自的乳头。附近母猪的哺乳声响也能刺激母猪的哺乳行为。仔猪找到各自的乳头后，先用鼻拱乳房，起按摩作用，然后开始吮乳。母猪放乳发出频频的"哼哼"声，仔猪后腿伸开，尾部卷曲，安静时能听到"咂咂"的吮乳声。梅山猪护仔心重，哺乳期间如果生人入圈，会出现不同程度的攻击防卫行为。

5. 探究行为　探究行为包括探查行为和体验行为。猪的探究行为占据了猪的绝大部分活动。猪用嘴巴相互之间的拱推行为、鼻闻行为等都属于探究行为。不论外种猪还是地方猪，当圈舍内有新的事物时，都会表现出探查行为，一般表现为早期试探性地靠近，保持着戒备心理，一旦物体表现出动性，其会瞬间移开；当物体不动时，猪则会再次慢慢试探性地靠近，直至完全接受。猪的这种行为为其创造福利环境提供了便利性和可行性，根据其行为特性，猪的玩具建议采用固定式的，尽量不要采用可移动的、有声响的，以免引起猪群的恐慌。

6. 后效行为　或称反射行为，即猪通过后天学习而形成的行为习惯。通过猪的后效行为，可使其对饲槽、饮水器及设备的方位建立条件反射，引导猪在固定位置躺卧、排泄等，而提高圈栏的利用空间和饲养管理效率。

7. 异常行为　常见的异常行为主要有嚼栏、咬尾、空嚼等，这些行为的出现会带来不同程度的应激反应。当出现咬尾行为时，需要考虑到几个方面的因素：一是被咬的猪尾是不是有破损和血腥味，即管理因素；二是咬尾的猪是不是缺乏营养、矿物质或维生素 B_1 等，即营养因素；三是圈养面积是不是太小，不能满足需求，即环境因素等。此外，在驱赶梅山猪时，应注意梅山猪喜欢倒退行走，臀部推挤力度越大，梅山猪后退力度就越大，生产中转群时可利用好挡猪板和赶猪拍（敲出响声）等工具，辅助驱赶。

第三节　生产性能

一、繁殖性能

（一）产仔数

据 2006 年太仓县种畜场调查显示，小型梅山猪（28 窝）平均 81.42 日龄初次发情，窝产仔数 14.88 头，窝产活仔数 13.67 头，初生个体重 1.01 kg，断乳个体重 9.11 kg，45 日龄断乳头数为 12.83 头。2006 年据江苏农林职业技术学院的小型梅山猪调查显示，2～7 胎（220 窝）窝产仔数为 14.30 头。

　　张风宸（1983）报道，中型梅山猪（700 窝）平均窝产仔数（15.39±0.16）头，一胎（11.91±0.36）头；二胎（14.74±0.32）头；三胎（15.64±0.39）头；四胎（16.71±0.39）头；五胎（16.45±0.40）头；六胎（16.33±0.44）头；七胎（15.93±0.44）头。杨建生（2014）报道，中型梅山猪（399头）平均窝产仔数分别为：一胎（11.72±2.65）头；二胎（12.74±2.70）头；三胎（13.34±2.91）头；四胎（15.14±3.68）头；五胎（14.66±3.95）头；六胎（13.97±3.55）头；七胎（15.00±3.89）头；八胎（15.03±3.97）头，4～8 胎中型梅山猪平均窝产仔数 14.76 头。中型梅山猪窝产仔数与《中国猪品种志》记载的 1977—1981 年梅山猪（1 566 窝）窝产仔数 15.61 头比较，略有变化。近年来，梅山猪母猪繁殖性能如表 2-3 所示。

　　除原产地外，我国其他引种地区的梅山猪也表现出高产仔性能。阎玉华等（1987）报道，沈阳地区 1983 年从上海引入的中型梅山猪，1～7 胎（21 窝）平均窝产仔数 16.29 头，窝产活仔数 14 头。黄培祥等（1996）报道，福建省仙游县 1993 年引入中型梅山猪 115 头，1996 年时调查平均窝产仔数达 16.07 头。

表 2-3　梅山母猪繁殖性能

类型	性状	年份	初产	经产	二胎	三胎	四胎	五胎	六胎	七胎
小型梅山猪	产活仔数	2006	10.21	14.30	12.59	13.51	14.24	15.11	15.23	15.09
中型梅山猪	产仔数	1983	11.91	15.97	14.74	15.64	16.71	16.45	16.33	15.93
		2014	11.72	14.14	12.74	13.34	15.14	14.66	13.97	15.00
	产活仔数	1983	11.11	14.45	14.04	14.55	15.43	14.78	14.47	13.43
		2014	11.41	13.36	12.49	12.61	14.20	13.89	13.58	13.36

　　产仔多是由多种因素决定的。首先，母猪要排出足够的有效卵子，这是高产的基础，它与雌激素的分泌有关；其次，还与母猪的适时配种有关，要掌握母猪排卵的规律和卵子在输卵管中移行的情况；最后，还要尽量减少胚胎的死亡数量，才能得到更多的活仔数。

　　1. 排卵数多　梅山母猪排卵多是产仔多的主要原因。嘉定县种畜场测定了梅山猪不同胎龄的排卵数（表 2-4）。梅山母猪从初情到成年，排卵数随着年龄的增长而增长。初情期小母猪平均排卵 10.33 枚；4～5 月龄母猪排卵 13.5～14 枚；6 月龄母猪排卵数已接近 8～9 月龄母猪，排卵平均数分别为 18.5 枚和 18.53 枚。第二胎排卵数为 22 枚。三胎以上成年母猪平均排卵数为 28.09 枚，其中一头第 11 胎的梅山猪母猪一次排卵高达 46 枚。统计的 35 头梅山猪母猪左、右卵巢排卵数分别为 10.71 枚和 12.77 枚，两侧卵巢的排卵数差异不显著。Dyck 等（1971）研究报道，大约克夏猪 7～8 月龄青年母猪的排卵数为 12.2 枚，拉康比猪为 14.4 枚，长白猪为 11.5 枚，杜洛克猪为 11.5 枚，而梅山青年母猪 8 月龄的排卵数已达 18～26 枚，大大超过国外猪种青年母猪的水平。梅山猪青年母猪和经产母猪的排卵数也高于国内的成华、内江、沙子岭、宁乡等猪种。

表 2-4　不同胎龄梅山猪母猪的排卵数

（陈建生，2014，中国梅山猪）

胎次	一	二	三
头数	15	3	17
平均排卵数（枚）	18.53（12～24）	22（20～24）	28.09（20～46）

2. 激素含量　动物体内生殖激素的调控作用几乎贯穿整个生殖活动过程，如性器官的发育、性成熟、发情、排卵、妊娠等一系列生殖活动。Hunter 等（1993）研究证实梅山猪颗粒细胞和膜细胞中芳香化酶活性较高，梅山猪卵泡比西方猪小，但含有高浓度的卵泡液雌激素。

梅山猪卵泡通过黄体化反应和对孕酮分泌调节，对促黄体素分泌反应更为迅速和有效。迅速的黄体化反应增加了排卵数，使排卵后循环的孕酮迅速提高，从而提高了梅山猪胚胎成活率。赵明珍等（2007）比较梅山猪母猪（小型）和大白猪母猪在发情周期血清生殖激素浓度发现，梅山猪发情当天、第 5 天、第 10 天和第 15 天血清雌二醇（E_2）浓度均显著高于大白猪。第 5 天和第 10 天梅山猪血清黄体酮（P_4）浓度显著高于大白猪。整个发情周期大白猪促卵泡激素（FSH）浓度高于梅山猪，但差异不显著。大白猪血清促黄体素（LH）浓度于发情当天、第 5 天和第 10 天显著高于梅山猪。梅山猪母猪高繁殖力主要与发情周期中血清较高水平的 E_2 和 E_2 降解速度较慢以及黄体期较高水平的 P_4 有关。杨剑波等（2018）对梅山猪（小型）、巴梅杂交猪（巴克夏×梅山猪）断乳后 1 周内血清中 FSH、LH、E_2 和 P_4 四种生殖激素浓度进行测定发现，断乳后梅山猪和巴梅杂交猪血清中 FSH 均呈现上升趋势，第 3 天达到最高峰值，梅山猪下降趋势较缓于巴梅杂交猪。断乳第 5 天开始，同期梅山猪 FSH 激素水平显著高于巴梅杂交猪。梅山猪血清中 FSH 保持着较高水平，FSH 在促进卵母细胞募集过程中起关键作用。断乳后梅山猪和巴梅杂交猪血清中 LH 水平开始趋向稳定，到发情前开始升高，梅山猪尤其明显，在第 6 天出现最高峰值，巴梅杂交猪在第 4 天呈高峰状态，而后缓慢下降。断乳后第 3 天梅山猪 LH 水平极显著高于巴梅杂交猪，LH 能够促进卵泡发育和排卵，梅山猪表现高繁殖性状。刚断乳梅山猪和巴梅杂交猪血清中 E_2 水平均维持较高水平，梅山猪极显著高于巴梅杂交猪，E_2 在催乳和维持母性行为起到关键作用，生产中梅山猪护仔和哺乳行为表现更加明显。母猪断乳后与仔猪分开饲养，母猪在断乳应激下，E_2 水平下降明显，但梅山猪和巴梅杂交猪分别在第 6 天和第 4 天出现高峰值。同期比较，梅山猪 E_2 水平在断乳开始至第 3 天显著高于巴梅杂交猪，巴梅杂交猪多集中于第 4 天出现发情时两者无差异，第 5～6 天梅山猪极显著高于巴梅杂交猪，生产中梅山猪发情特征更加明显。P_4 在梅山猪和巴梅杂交猪血清中虽有波动，总体水平趋向稳定。P_4 在第 6～7 天较低，同期比较梅山猪显著高于巴梅杂交猪，P_4 水平降低，降低对 LH 的抑制作用，促进母猪排卵。

3. 胚胎存活率与死亡率　梅山母猪排卵数虽然较多，但与实际产仔数尚有一定距离，A. M. Scofield（1972）报道母猪排卵到产前的损失率为 30%～40%，甚至更高一些。梅山猪的排卵数与实际产仔数计算结果基本与国外报道相符。梅山猪初产母猪产前损失率为 27.3%，三胎以上成年母猪为 41%。产前损失比产后要高得多，因此，如果能掌握影响产前损失率的相关因素，将有助于进一步改善梅山猪的产仔数和成活率。Terqui（1988）等研究发现，梅山猪妊娠 30 d 的胚胎成活率为 85%～90%，而大约克夏猪只有 66%～70%。梅山猪胚胎和子宫的分泌物（前列腺素、葡萄糖等）均高于大约克夏猪。同龄胚胎的生长速度也比大约克夏猪快。梅山猪胚胎生命力强，胚胎和子宫的关系协调是梅山猪繁殖力高的一个重要机制。Haley 等（1993）研究表明，梅山猪在妊娠 20 d 时的胚胎死亡率明显低于大约克夏猪。这个时期的梅山猪和大约克夏猪之间母体和胚胎功能差异即决定了其繁殖力的不同。Matlew 等（1998）研究表明，梅山猪比欧洲猪种具有更高的胎盘效率（胎儿的增重/胎盘增重）。Avouchment 等对梅山猪和杜洛克猪在妊娠中期到后期的变化进行比较发现，梅山猪随妊娠期的进展子宫大小变化不明显，而杜洛克猪子宫增加显著，子宫内膜面积也发生了变化，梅山猪孕体所占子宫内膜面积较少。Hong 等发现梅山猪在胎盘滋养层褶皱和子宫内膜上皮比大约克夏猪更为复杂。Young 等在比较怀孕 70～110 d 梅山猪胎盘与同期杜洛克猪妊娠后期胎盘周边的血管密度时发现，杜洛克猪的胎盘只有很小的变化，而梅山猪血管密度明显增加，这在一定程度上证实了梅山猪具有较高的胎盘效率。

胚胎死亡率也是影响产仔数的一个重要因素。马惠明收集了江苏省 12 个太湖猪育种场 3 年（1986—1988 年）的产仔哺乳记录，从胎次、繁殖方式、近交程度、分娩季节等因素分析了死胎产生的原因，发现死胎率随着胎次升高而增加，第 1 胎 631 窝仔猪中平均死胎率为 5.48%，第 2 胎 596 窝仔猪中平均死胎率为 5.95%，到了第 5 胎死胎率达到 10.58%，随着胎次的增加死胎率逐渐增加，到了第 8 胎及以上胎次时，死胎率达到 11.53%（表 2-5）。随着母猪年龄增大，子宫既有收缩能力下降，延长了产程，易使胎儿在分娩过程中窒息死亡。故分娩时采取必要的措施尽量缩短产程，做好接产工作，可降低胎儿的死亡率。

表 2-5　胎次与死胎的关系

（张照，1990，中国太湖猪）

胎次	1	2	3	4	5	6	7	8 及以上
统计窝数	631	596	589	503	402	356	351	1 075
平均死胎率	5.48%	5.95%	6.91%	8.10%	10.58%	10.69%	11.38%	11.53%

就死胎原因分析来看，纯繁的死胎率比杂交的高 2.056%，可能跟近交衰退和杂种优势有关；妊娠期在 107～115 d 或 116～125 d 时死胎率均在 10% 以下，但妊娠期少于 107 d 或超过 125 d，死胎率显著增加，分别为 14.659%、16.997%；季节对死胎率的影响不大（表 2-6）。

表 2-6　某些死胎原因分析

（张照，1990，中国太湖猪）

因素		统计窝数	总产仔数	产活仔数	死胎数	死胎率
繁殖方式	纯繁	1 818	25 311	22 677	2 634	10.407%
	杂交	2 672	36 785	33 713	3 072	8.351%

（续）

	因素	统计窝数	总产仔数	产活仔数	死胎数	死胎率
妊娠期	106 d 及以前	15	191	163	28	14.660%
	107～115 d	3 310	45 470	41 397	4 073	8.958%
	116～125 d	1 284	16 282	14 735	1 547	9.501%
	126 d 以后	27	353	293	60	16.997%
季节	春季纯繁	1 018	14 390	12 882	1 508	10.479%
	秋季纯繁	800	10 726	9 795	1 131	10.554%
交配方式	近交	661	8 553	7 719	834	9.751%
	杂交	1 191	15 534	14 126	1 408	9.064%

4. 适时配种 适时配种是提高繁殖力的又一个重要因素。适时配种与卵子的移行有关，周林兴等对梅山猪在发情期内排卵及卵子移行情况进行了研究（表 2-7）。梅山后备母猪在发情安定后 36～48 h 排卵。经产母猪在 24～36 h 开始排卵。梅山经产母猪发情安定后 36 h 卵子在输卵管前 1/2 处和喇叭口，48～72 h 卵子在输卵管后 1/2 处，96 h 大部分进入子宫角。一般母猪配种后，精子在母猪生殖道中需要获能 3～6 h，才能受精，而且精子在母猪生殖道中能保持 12～24 h 的受精能力。由此可见，梅山经产母猪在发情安定后 24 h 配种为宜，后备母猪可适当推迟。

表 2-7 梅山母猪发情期内排卵及卵子移动测定

产次	发情后时间（h）	头数	排卵母猪数（头）	总排卵数（枚）	冲出卵子数（枚）	冲出率（%）	输卵管前 1/2 卵子数（枚）	输卵管前 1/2 占冲出卵子数的百分率（%）	输卵管后 1/2 卵子数（枚）	输卵管后 1/2 占冲出卵子数的百分率（%）	子宫角前 1/2 卵子数（枚）	子宫角前 1/2 占冲出卵子数的百分率（%）
后备母猪	24	3										
	36	3										
	48	3	3	64	60	93.75			60	100		
	72	3	3	57	55	96.5	3	5.5	52	94.5		
	96	3	3	56	51	91.1					51	100
经产母猪	24	3										
	36	3	2	31	23	74.2	23	100				
	48	3	2	47	45	95.7	27	60	18	40		
	72	3	3	81	76	93.8	11	14.5	65	85.5		
	96	3	3	84	70	83.3			41	58.6	29	41.4

5. 公猪精液　公猪精液品质影响母猪受胎率、产仔数、仔猪断乳体重。精液品质检查是评价公猪种用价值最基本和最重要的检查方法。精子活力是评价精液品质的重要指标，传统的精子活力评价方法并不能反映精子在体内生殖道的真实运动情况，准确性差。而精子迁移率的测定方法是模拟精子在母体内液体环境和温度下的运动情况，能够反映精子在体内真正的活力。国内外许多学者认为精子直线运动速度（VSL）、精子平均路径速度（VAP）等与精子迁移率密切相关。吴井生等（2019）利用计算机辅助精子分析（CASA）系统对梅山猪、长白猪、大白猪、杜洛克猪和巴克夏猪（表 2-8、表 2-9）进行研究发现：梅山猪的前向运动（PR）比例最高，为 61.45%，其次为巴克夏猪，为 60.68%，最低的为大白猪，仅为 53.44%；从总的活力前向运动＋非前向运动（PR＋NP）来看，梅山猪的最高，为 99.79%，长白猪的最低，为 94.55%。PR 精子运动参数中，梅山猪曲线速度（VCL）、头部侧向运动平均振幅（ALH）靠前，大白猪鞭打频率（BCF）指标靠后（表 2-8）；在 PR＋NP 精子运动参数中，梅山猪有 6 个指标靠前，分别是 VCL、直线运动速度（VSL）、VAP、振动指数（WOB）、ALH、BCF，长白猪有 5 个指标靠后，分别为 VCL、VSL、VAP、WOB、ALH（表 2-9）。精液分析除常规指标外，动态指标更能反映精子受精能力，如线性指数（LIN）、直线指数（STR）和 ALH 反映精子运动的直线性，VCL、VSL 和 VAP 反映精子的运动速度。精子运动速度和直线性是决定精子迁移率高低的重要条件。高迁移率精子在直线运动速度上的优势可以使精子能够高效地穿过母体生殖道迅速到达受精部位完成受精。

表 2-8　5 个品种公猪 PR 精子运动参数的比较结果

指标	梅山猪	长白猪	大白猪	杜洛克猪	巴克夏猪
VCL (μm/s)	$64.19^{Aa} \pm 0.31$ (25.00~175.60)	$57.63^{Cc} \pm 0.33$ (25.00~193.30)	$58.85^{Bb} \pm 0.23$ (25.00~225.90)	$64.58^{Aa} \pm 0.36$ (25.00~219.70)	$53.96^{Dd} \pm 0.27$ (25.00~180.30)
VSL (μm/s)	$24.9^{Bb} \pm 0.16$ (3.40~89.00)	$23.59^{Cc} \pm 0.17$ (2.50~116.40)	$23.36^{Cc} \pm 0.12$ (0.80~112.60)	$25.57^{Aa} \pm 0.15$ (1.60~103.20)	$22.86^{Dd} \pm 0.14$ (1.70~74.20)
VAP (μm/s)	36.06 ± 0.19^{Aa} (4.70~101.80)	$32.56^{Cc} \pm 0.20$ (4.80~123.70)	$33.36^{Bb} \pm 0.14$ (0.80~132.60)	$35.75^{Aa} \pm 0.20$ (2.50~117.10)	$30.56^{Dd} \pm 0.16$ (3.30~96.50)
LIN (%)	$39.84^{Cd} \pm 0.20$ (9~95)	$41.38^{Bb} \pm 0.21$ (9~99)	$40.44^{Cc} \pm 0.16$ (3~96)	$41.34^{Bb} \pm 0.19$ (6~96)	$43.17^{Aa} \pm 0.21$ (6~97)

（续）

指标	梅山猪	长白猪	大白猪	杜洛克猪	巴克夏猪
STR（%）	68.55^{Dd}±0.19 (45～100)	71.41^{Bb}±0.21 (45～100)	69.19^{Cc}±0.15 (45～100)	71.61^{Bb}±0.18 (45～100)	73.56^{Aa}±0.20 (45～100)
WOB(%)	57.00^{BCb}±0.17 (9～99)	57.01^{BCb}±0.18 (16～100)	57.32^{ABab}±0.14 (3～100)	56.54^{Cc}±0.16 (10～100)	57.50^{Aa}±0.18 (12～100)
ALH(μm)	3.13^{Aa}±0.02 (0.60～10.30)	2.82^{Cc}±0.02 (0.90～7.90)	3.00^{Bb}±0.01 (0.70～9.40)	3.13^{Aa}±0.02 (0.90～10.00)	2.63^{Dd}±0.01 (0.70～9.30)
BCF（Hz）	6.57±0.04^{Cc} (0.00～18.20)	6.87±0.05^{Bb} (0.00～17.60)	5.96±0.03^{Dd} (0.00～17.50)	6.91±0.04^{Bb} (0.00～19.00)	7.17±0.04^{Aa} (0.00～17.30)

注：同一行数据肩标的大写字母不同表示 $P<0.01$，小写字母不同表示 $P<0.05$。

表 2-9　5 个品种公猪 PR＋NP 精子运动参数的比较结果

指标	梅山猪	长白猪	大白猪	杜洛克猪	巴克夏猪
VCL (μm/s)	63.23^{Aa}±0.26 (10.10～175.60)	50.13^{Dd}±0.29 (10.00～193.30)	54.36^{Cc}±0.20 (10.00～225.90)	61.76^{Bb}±0.31 (10.00～219.70)	48.78^{Ee}±0.24 (10.00～186.20)
VSL (μm/s)	18.88^{Aa}±0.13 (0.00～89.00)	16.08^{Dd}±0.15 (0.00～116.40)	15.87^{Dd}±0.096 (0.00～112.60)	18.27^{Bb}±0.13 (0.00～103.20)	16.67^{Cc}±0.13 (0.00～74.20)
VAP (μm/s)	33.89^{Aa}±0.15 (1.60～101.80)	26.74^{Dd}±0.17 (0.00～123.70)	28.96^{Cc}±0.12 (0.00～132.60)	32.05^{Bb}±0.17 (0.00～117.10)	26.16^{Ee}±0.14 (0.00～96.50)
LIN（%）	30.81^{Bb}±0.19 (0～95)	30.65^{Bbc}±0.22 (0～100)	28.93^{Cd}±0.14 (0～100)	30.26^{Bc}±0.18 (0～100)	33.87^{Aa}±0.21 (0～100)
STR（%）	54.49^{Bc}±0.25 (0～100)	55.30±0.30^{Bb} (0～100)	51.83^{Cd}±0.20 (0～100)	54.73^{Bbc}±0.25 (0～100)	59.99^{Aa}±0.27 (0～100)
WOB（%）	54.15^{Aa}±0.14 (9～100)	52.23^{Dd}±0.18 (0～100)	52.88^{Cc}±0.11 (0～100)	51.95^{Dd}±0.14 (0～100)	53.53^{Bb}±0.16 (0～100)
ALH（μm）	3.16^{Aa}±0.01 (0.20～10.30)	2.59^{Dd}±0.01 (0.40～8.00)	2.87^{Cc}±0.01 (0.30～9.40)	3.10^{Bb}±0.02 (0.40～11.10)	2.47^{Ee}±0.01 (0.40～10.40)
BCF（Hz）	6.13^{Aa}±0.03 (0.00～18.20)	5.53^{Cd}±0.04 (0.00～17.60)	5.16^{De}±0.02 (0.00～17.50)	5.86^{Bc}±0.03 (0.00～19.00)	6.03^{Ab}±0.04 (0.00～17.30)

注：同一行数据肩标的大写字母不同表示 $P<0.01$，小写字母不同表示 $P<0.05$。

二、哺育性能

母猪的哺育性能，一般包括哺乳行为、泌乳量、乳汁成分、仔猪育成率等。

1. 哺乳行为　同品种行为特征。

2. 泌乳量 梅山猪乳腺组织发达，乳头数多。上海市嘉定县种畜场对186 头母猪的乳头数进行统计，平均乳头数 16.89（14~21）个，其中以 16 个和 18 个最多，分别占 47.85% 和 31.18%（表 2-10）。公猪平均乳头 16.20 个。

表 2-10 母猪有效乳头数

乳头数（个）	14	15	16	17	18	19	20	21	合计
测定头数	7	2	89	17	58	5	7	1	186
比例（%）	3.76	1.08	47.85	9.14	31.18	2.7	3.76	0.54	100

张云台等（1984）研究了产期接近、带仔数在 12~14 头的第二胎 5 头梅山猪（中型）（表 2-11），日粮水平在 55 553.06 kJ 的情况下，二胎母猪全期泌乳量平均为500 412.6 g，其中 20 d 时每头累计泌乳量195 175.1 g，30 d 每头累计泌乳量为303 879.6 g，分别占全期泌乳量的 39.6 % 和 61.11 %。母猪的平均日泌乳量为8 340.2 g，每次泌乳量为 410.6 g。梅山猪（中型）的泌乳高峰出现于产后的第 26~30 天，该阶段日泌乳量平均达10 974.2 g。从产后第15~30 天，日泌乳量一直保持在 10 kg 以上，30 d 之后泌乳量逐渐下降，40~45 d 后下降更明显。

梅山猪平均每日泌乳次数为 20.58 次，产后 30 d 之前放乳次数占总次数的 63%，40 d 之后放乳次数明显减少，仅占 19.4%。平均每次放乳间隔时间为 60.03 min，产后 40 d 之后由于次数减少，间隔时间拉长。仔猪平均每次吸乳时间为 17.1 s。梅山猪在整个哺乳期内的失重为 21.7%，而哺乳前期 30 d 内失重达 18.6%，产后 30 d 之后仅失重 3.1%。

表 2-11 梅山母猪（中型）各阶段泌乳量

日龄	测定日放乳次数（次）	5 d 泌乳量（g）	平均日泌乳量（g）	每次泌乳量（g）
1~5	26.8	45 008.3	9 001.7	335.9
6~10	28.0	43 170.5	8 634.1	308.4
11~15	27.0	53 000.5	10 600.1	392.6
16~20	25.8	53 995.8	10 799.2	418.6
21~25	24.4	53 833.5	10 766.7	441.3
26~30	24.2	54 871	10 974.2	453.5

（续）

日龄	测定日放乳次数（次）	5 d泌乳量（g）	平均日泌乳量（g）	每次泌乳量（g）
31～35	22.4	49 040.5	9 808.1	437.9
36～40	20.4	45 616.6	9 123.3	447.2
41～45	13.0	31 606.1	6 321.2	486.2
46～50	13.2	26 672.5	5 334.5	404.1
51～55	11.8	23 238.5	4 647.7	393.9
56～60	10.0	20 358.8	4 071.8	407.2
平均	20.6	41 701.1	8 340.2	410.6

陆林根等（1994）对梅山猪（小型）全期平均泌乳量、泌乳次数以及仔猪拱、吮乳时间研究发现，梅山母猪（小型）全期平均泌乳量为 379.6 kg，其中1月龄泌乳量为 222.9 kg，占全期泌乳量的 58.72%。梅山母猪（小型）的泌乳高峰期出现在第 21～25 天，该阶段日泌乳量达 8.06 kg，在第 11～30 天日泌乳量保持在 7 kg 以上水平，维持时间较长，30 d 以后泌乳量开始下降（表 2-12）。梅山母猪全期平均日放乳次数为 19.36 次，其中仔猪 1 月龄时日平均放乳次数为 23.57 次，30 d 以后迅速下降。仔猪平均拱乳时间为 69.09 s，平均吮乳时间 11.7 s，拱乳和吮乳的时间前后期差异不大。

表 2-12　梅山猪（小型）各阶段泌乳量及仔猪拱、吮乳时间

日龄	日放乳次数	每次泌乳量（g）	日泌乳量（kg）	拱乳时间（s）	吮乳时间（s）
1～5	25.2	275.64	6.96	59.47	11.77
6～10	25.0	277.51	6.94	62.71	11.13
11～15	22.8	317.24	7.23	64.75	11.76
16～20	24.6	320.01	7.87	71.91	12.31
21～25	23.0	350.64	8.06	70.80	12.82
26～30	20.8	361.88	7.53	73.37	12.46
31～35	18.2	332.09	6.04	75.45	11.46
36～40	16.75	345.83	5.79	68.83	11.06
41～45	15.6	375.00	5.85	72.47	11.97
46～50	15.4	344.55	5.31	67.84	11.46
51～55	13.0	341.67	4.44	72.51	11.83
56～60	12.0	325.83	3.91	68.92	11.32
平均	19.36	330.66	6.33	69.09	11.70

梅山仔猪在哺乳期间内，平均断乳成活仔猪 14.4 头，平均断乳窝重为 243.15 kg，平均每头仔猪断乳个体重为 16.89 kg。仔猪在哺乳期内平均日增重为 265.18 g，其中 45～60 日龄阶段生长特别迅速，平均日增重为 428.33 g。母猪泌乳量从 30 日龄开始逐渐下降，此时仔猪生长特别快，母乳中的营养已不能满足仔猪生长发育的需要，故必须依靠补料来满足，随着采食量的增加，仔猪日增重明显提高（表 2-13）。

表 2-13　梅山猪仔猪哺乳期内增重情况

日龄	仔猪数（头）	窝重（kg）	头重（kg）	日增重（g）
初生	15.2	14.58±3.34	0.96±0.26	—
5	14.6	23.65±3.08	1.62±0.37	132.2
10	14.6	33.36±3.17	2.29±1.20	133
15	14.6	43.60±3.85	3.14±0.57	170
20	14.6	55.28±4.44	3.79±0.75	130
25	14.6	69.19±4.54	4.47±0.93	191
30	14.6	85.86±5.66	5.88±1.00	228
35	14.4	103.98±8.32	7.22±1.23	265
40	14.4	127.53±10.38	8.86±1.51	327
45	14.4	150.63±13.64	10.48±1.80	321
50	14.4	184.22±12.55	12.79±2.07	467
55	14.4	216.3±14.07	15.02±2.23	445
60	14.4	243.15±11.3	16.89±2.44	373

梅山母猪（小型）在哺乳期内总失重为 14.3 kg，失重率为 10.96%，而 1 月龄失重 10.6 kg，失重率为 8.12%。母猪失重在产后 10～20 d 比较快，与小型梅山母猪泌乳情况基本相符，产后 20 d 以后，母猪失重基本稳定（表 2-14）。梅山母猪在整个泌乳期间失重少，饲料转化率强，有利于减少母猪在仔猪断乳后的复膘消耗。

表 2-14　梅山猪（小型）母猪哺乳期内失重统计

阶段	3 d	10 d	20 d	30 d	40 d	50 d	60 d
体重（kg）	130.5	129.4	120.0	119.9	120.9	117.1	116.2
失重（kg）		1.1	10.5	10.6	9.6	13.4	14.3
失重率（%）		0.84	8.05	8.12	7.36	10.27	10.96

3. 乳汁成分　梅山猪乳汁质量高，经乳汁质量分析，蛋白质、能量水平（表 2-15）以及氨基酸含量均高于其他类群的乳汁。无论是初乳还是常乳，蛋白质含量，梅山猪比枫泾猪要高得多，水分含量比枫泾猪低，能量水平上两者差别较大。以仔猪增重耗乳比较，梅山仔猪 20 日龄时每千克增重耗乳量为 3.97 kg，而枫泾仔猪每千克增重耗乳量为 4.78 kg。

表 2-15　梅山猪母猪乳汁成分

乳别	干物质（%）	蛋白质（%）	脂肪（%）	乳糖（%）	灰分（%）
初乳	25.35	15.69	4.46	3.04	0.64
常乳	19.67	5.51	6.66	5.18	0.89

梅山猪乳汁中 17 种氨基酸含量，初乳均高于常乳，常乳中各类氨基酸含量仅为初乳的 14.9%～39.1%（表 2-16）。由于蛋白质是由不同的氨基酸组成，初乳蛋白质含量高于常乳，因此，初乳氨基酸的含量自然就高于常乳。实际生产中要确保仔猪及时吃上初乳，对于弱仔可人为固定至前 3 对乳头。

表 2-16　梅山母猪乳汁氨基酸含量分析（%）

乳别	初乳（分娩 2 h）	常乳（30 d）	以初乳为 100 比较
赖氨酸	1.44	0.35	24.3
组氨酸	0.53	0.12	22.6
精氨酸	1.04	0.19	18.3
天门冬氨酸	1.10	0.35	31.8
苏氨酸	0.94	0.14	14.9
丝氨酸	0.97	0.20	20.6
谷氨酸	2.7	0.91	33.7
脯氨酸	—	0.43	—
甘氨酸	0.44	0.14	31.8
丙氨酸	0.56	0.14	25
胱氨酸	0.23	0.04	17.4
缬氨酸	1.03	0.21	20.4
蛋氨酸	0.23	0.09	39.1
异亮氨酸	0.62	0.14	22.6
亮氨酸	1.60	0.41	25.6
酪氨酸	0.71	0.16	22.5
苯丙氨酸	0.82	0.17	20.7

4. 仔猪育成率　育成率是衡量母猪哺育性能的一个指标，它受多种因素影响，如母猪的哺育行为、母乳的质量以及饲养管理水平。

梅山猪母猪乳头数多，在泌乳期很少运动，用较多的时间侧卧，将乳头暴露在外（Sinclair 等，1998），使每头仔猪都能吃到充足的乳汁。吃饱后的仔猪躺卧于距离母猪较近的地方。梅山母猪产仔后比欧洲品种母猪有更好的母性行为（Schouten 等，1990），有利于降低仔猪的死亡率。梅山猪母猪的另一个优势是它们的乳汁含有较高的能量，仔猪有高度一致的初生重，同样的初生重条件下，梅山仔猪比欧洲品种仔猪更有成活优势。

三、生长性能

哺乳动物在生长发育时呈现一定的规律，初生后一般可分为哺乳期（初生—断乳）、幼年期（断乳—性成熟，相对生长达最大）、青年期（性成熟—体成熟，绝对生长达最大）、中年期（体成熟—开始衰老）和老年期。掌握梅山猪生长发育规律对研究和利用其高繁殖性能（特别是高产仔），开展阶段营养调控等具有重要意义。模拟生长曲线不仅可揭示猪的生长发育规律，而且根据拐点、极限体重和生长速率对开展动态生产管理、营养科学配给具有指导作用。许栋等（2017）对梅山猪公猪、母猪育成期生长发育规律拟合研究，结果发现，Logistic 方程的拟合优度最高，拟合结果最近真实情况，梅山猪公猪最大理论体重为 85.412 kg，生长拐点体重是 42.706 kg，拐点日龄是 159.388 日龄，最大日增重为 512.465 g/d（表 2-17）。梅山猪母猪最大理论体重为 92.654 kg，生长拐点体重是 46.327 kg，拐点日龄是 166.529 日龄，最大日增重为 416.943 g/d（表 2-18）。梅山猪母猪在 20～24 周龄相对生长最大，达性成熟阶段；在 22～26 周龄绝对生长最大，达体成熟阶段。在日常生产中监测个体猪生长情况，特别是梅山猪选育过程中结合体重、体尺的测量，开展生长曲线模拟研究，可及时发现问题并采取措施，提高饲养管理水平，特别是在拐点周龄之前，应为梅山猪公猪群体提供充足营养并强化饲养管理，以满足生长和后期配种需求。

表 2-17　梅山猪公猪体重累积生长实测值与模型估计值比较

周龄	15	16	18	20	22	24	26	28	30	32	34	36	37
原始数据	19.64	21.20	26.08	31.88	40.24	47.09	53.85	60.44	66.27	72.06	72.23	77.53	80.17

（续）

周龄	15	16	18	20	22	24	26	28	30	32	34	36	37
Logistic 方程	18.91	20.74	26.46	32.95	39.95	47.10	54.02	60.35	65.86	70.47	74.17	77.06	78.25
Gompertz 方程	15.91	17.97	24.21	30.94	37.85	44.67	51.19	57.26	62.78	67.71	72.06	75.84	77.53

表 2-18　梅山猪母猪体重累积生长实测值与模型估计值比较

周龄	12	14	16	18	20	22	24	26	28	30	32	34	36	38
原始数据	22.90	24.15	26.20	29.11	32.961	38.08	44.42	52.08	59.67	65.38	69.82	74.35	77.70	79.94
Logistic 方程	19.76	20.90	25.26	30.14	35.47	41.13	46.94	52.74	58.33	63.58	68.36	72.60	78.28	79.40
Gompertz 方程	18.65	19.88	24.42	29.28	34.35	39.56	44.79	49.98	55.04	59.94	64.61	69.03	73.18	77.04

　　体重和体尺可用于分析梅山猪生长性能。甘丽娜等（2017）对梅山猪（中型）体尺指标的生长变化趋势进行研究发现，管围：2～4、8～10月龄生长增量较高，6～8、10～12、12～24月龄生长增量较低；腹围：2～4、8～10月龄生长增量较高，10～12月龄生长增量较低；腿围：8～10月龄生长增量较高，6～8、12～24月龄生长增量较低；胸围：2～4月龄生长增量较高，10～12、12～24月龄生长增量较低；胸宽：2～4月龄生长增量较高，8～10月龄生长增量较低；体高：2～4、4～6月龄生长增量较高，10～12月龄生长增量较低；体长：2～4月龄生长增量较高，10～12月龄生长增量较低；体重：12～24月龄生长增量较高，10～12月龄生长增量较低（图2-1）。

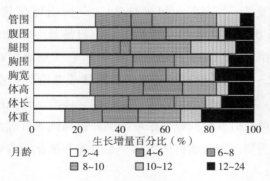

图 2-1　不同月龄梅山猪生长指标变化趋势

　　梅山猪公、母猪生长发育体尺指标等同期比较，2月龄的公、母猪差异不显著，公、母仔猪的生长发育强度相对一致。2月龄之后公猪的生长发育速度开始快于母猪，梅山公猪的大部分生长指标均高于母猪，特别是在6月龄时，公猪的体长、体高、胸宽、胸围、腹围和腿围显著或极显著高于母猪。而 6 月龄之后一部分公、母猪生长指标的差异不明显，梅山公、母猪的生长速度规律出现不一致，公猪的发情要早于母猪。直到 10～24 月龄时公猪的体重、体高、胸宽和管围高于母猪，且在大部分时期呈现显著或极显著差异，而胸围和腹围（12 月龄的胸围除外）均极显著低于母猪。邢军等（2007）对梅山猪（小型）生长发育观察，梅山猪的体重 45 日龄以前公、母猪接近，45 日龄后母猪生长速度较公猪快，但 360 日龄后公猪生长速度显著高于母猪。结合同期公、母猪性行为分析，从统计结果看，性成熟对公猪日增重的影响大于母猪，合群饲养的性成熟公猪出现相互爬跨、自淫等情况，影响公猪的增重。

四、育肥性能

梅山猪具有高繁殖力，而且表现出较好的适应性，杂种优势明显，不足之处是商品猪生长速度和饲料转化效率比欧美猪种稍差，各地一般都引进梅山猪母猪开展杂交利用。江苏农林职业技术学院小型梅山猪育种中心（2005）对小型梅山猪进行了育肥性能测定。15 头小型梅山猪，平均始重 15.18 kg，饲养期 104 d，平均末重 49.29 kg，平均日增重 328 g，平均料重比 3.68。吴德等（2001）通过对生长时期（20～55 kg、55～90 kg）两个阶段进行育肥试验，对不同比例梅山猪血缘进行测定，1/2 梅山、3/8 梅山、1/4 梅山、1/8 梅山杂种猪两个阶段育肥性能均高于纯种梅山猪（表 2-19）。梅山猪与国外猪种杂交后，随着梅山猪血缘比例减少，育肥性能提高。试验前期（20～55 kg）1/8 梅山、1/4 梅山和 1/2 梅山与杜大杂种猪相比，生长速度较快，分析认为该时期不同品种猪均以瘦肉沉积为主，瘦肉沉积量与生长速度的快慢呈正相关。试验后期（55～90 kg）含梅山猪血缘杂种猪的日增重显著低于杜大杂种猪，这与不同品种猪瘦肉和脂肪沉积规律有关。脂肪型品种与瘦肉型品种在生长前期（55 kg 以前）差异不显著，但随体重增加，脂肪型品种的生长速度明显减慢，脂肪型猪瘦肉沉积量达到最大值的时间比瘦肉型品种早，当脂肪沉积超过瘦肉沉积时，生长速度明显下降，单位增重需要消耗更多的饲料。现代瘦肉型品种在营养充足条件下，瘦肉沉积可能在屠宰（110 kg）之前一直占优势，而梅山猪的杂种猪在较小体重就已达到最大瘦肉沉积，一般在 60～80 kg 阶段脂肪的沉积就超过瘦肉的沉积，这也是国内地方猪种在育肥后期生长速度较慢的主要原因。

表 2-19 含不同比例梅山猪血缘的猪育肥性能

性能指标	含梅山猪血缘					
	0（杜×大）	1/8 梅山	1/4 梅山	3/8 梅山	1/2 梅山	1 梅山
20～55 kg 平均日增重（g）	688.56	759.88	735.5	578.15	760.72	533.87
20～55 kg 饲料利用效率（%）	2.48	2.59	2.64	3.03	2.72	3.37
55～90 kg 平均日增重（g）	955.53	721.43	709.22	672.57	672.25	605.27
55～90 kg 饲料利用效率（%）	3.16	3.88	4.07	4.07	4.21	4.34
20～90 kg 平均日增重（g）	833.9	764.26	715.44	626.68	708.10	607.25
20～90 kg 饲料利用效率（%）	2.71	3.13	3.32	3.49	3.36	3.68

　　筛选适宜的杂交组合应根据生产模式和养猪整体效益确定。在集约化养殖模式中，母猪繁殖力高低与商品猪生产效益密切相关，母猪繁殖力高，可以获得较低成本的仔猪，进而提高母猪和商品猪生产的整体效益。法国在引入梅山猪后，开展了系统的杂交试验研究，研究发现：含有 1/2 梅山猪血缘的母猪性成熟早，省料，繁殖力高，降低了断乳仔猪饲养成本；含有 1/4 梅山猪血缘的杂种肉猪，胴体瘦肉率和饲料利用率不理想；当繁殖性状和生产性状结合考虑时，可用中国猪×大白猪代替长白猪×大白猪。张顺珍等开展的梅山杂种猪育肥试验，通盘考虑平均日增重、瘦肉率、眼肌面积、背膘厚和后躯比例，认为梅山杂种猪以体重 90 kg 上市较适宜。江苏农林职业技术学院小型梅山猪育种中心开展小型梅山猪纯种育肥试验，认为纯种梅山猪体重以 75 kg 上市较适宜，此时瘦肉率适中。

五、屠宰性能

　　江苏农林职业技术学院小型梅山猪育种中心（2013）对小型梅山猪进行了屠宰性能测定，梅山猪屠宰率 66.33%±1.31%，眼肌面积（17.99±0.59）cm²，瘦肉率 46.23%±5.14%，板油率 5.18%±1.21%，肉色分值 3.63±0.10，pH 15.97±0.04，失水率 6.46%±1.16%，熟肉率 63.68%±2.32%。对 5 个背最长肌样本进行了化学成分分析，其中含水分 70.62%±1.51%，粗蛋白质 20.58%±0.27%，粗脂肪 4.87%±0.89%，粗灰分 1.09%±0.02%。

　　2006 年太仓市梅山猪协会对 6 头宰前活重（57.32±4.35）kg 的小型梅山猪进行了屠宰性能测定，胴体重（38.75±2.80）kg，屠宰率 67.60%±1.08%，平均背膘厚（30.5±1.7）mm，瘦肉率 45.59%±1.50%，板油率

5.23%±0.54%，系水力 63.87%±1.66%，肌内脂肪 6.37%±0.46%。

俞湘麟等（1994）测定 37 头中型梅山猪，从体重 26.45 kg 至 75.25 kg（平均 208 日龄结束），日增重（419.38±10.30）g，料重比 3.88。52 头宰前活重（75.43±0.27）kg 的猪，胴体长（72.98±0.47）cm，肋骨数（13.66±0.07）对，板油重（1 625±0.08）kg，其他指标见表 2-20。

表 2-20　中型梅山猪的屠宰性能

宰前体重 (kg)	屠宰率 (%)	6～7 肋背膘厚 (mm)	皮厚 (mm)	眼肌面积 (cm²)	后腿比例 (%)	瘦肉率 (%)	脂肪率 (%)	皮率 (%)	骨率 (%)
75.43± 0.27	64.71± 0.46	30.6± 1.0	5.2± 0.2	16.21± 0.36	28.29± 0.26	43.42± 0.35	27.15± 0.72	16.52± 0.45	12.80± 0.25

吴德等（2001）对含不同比例梅山猪血缘的育肥猪在 90 kg 左右屠宰（表 2-21），屠宰率、胴体直长、眼肌面积、瘦肉率随梅山猪血缘增加而逐渐降低，其背部 4 点平均膘厚、皮脂率则逐渐增加。杜×大杂种猪的瘦肉率与梅山猪及其杂种猪差异极显著，梅山猪及其杂种猪中，1/8 梅山、1/4 梅山猪的瘦肉率显著高于 3/8 梅山、1/2 梅山和纯梅山猪。骨的比例各血缘间差异不显著。尽管纯种中国猪胴体品质较差，但与国外猪种杂交后，胴体品质得到明显改进。

表 2-21　含不同比例梅山猪血缘的育肥猪在 90 kg 左右屠宰的胴体品质

指标	含梅山猪血缘					
	0（杜×大）	1/8 梅山	1/4 梅山	3/8 梅山	1/2 梅山	1 梅山
宰前体重（kg）	93.70	92.10	90.4	88.4	87.8	86.9
胴体重（kg）	65.70	63.90	63.05	60.77	60.70	57.65
屠宰率（%）	70.12	69.38	69.74	68.74	69.13	66.34
胴体直长（cm）	78.3	76.2	74.1	72.1	71.8	70.4
背部 4 点平均膘厚（cm）	2.93	3.18	3.78	3.89	3.76	3.89
眼肌面积（cm²）	32.14	26.18	26.04	25.73	24.18	17.16
瘦肉率（%）	60.23	55.24	53.14	50.18	51.23	41.20
皮脂率（%）	32.40	36.52	39.18	42.20	41.69	50.39
骨的比例（%）	7.37	8.24	7.68	7.62	7.08	8.41

六、肉质性状

梅山猪作为我国典型的地方品种猪种，具有良好的肉质特性，主要表现为拥有较高的最终 pH、保水性能好、肌肉脂肪含量高、肉色鲜红、适口性好、肌纤维较细，呈大理石花纹等优点。

吴德等（2001）对不同比例梅山猪血缘（梅山猪血缘比例为 1/8、1/4、3/8、1/2、1）和杜×大杂种猪 68 头屠宰后分析肉质性状，不同血缘间除1/4、3/8 梅山猪的总水分和初水分略偏高外，其余血缘间差异不显著，吸附水含量杜×大猪与其他血缘猪差异显著，其余 5 种血缘间差异不显著，干物质的差异与肌肉中总水分含量密切相关。瘦肉中脂肪除 1/4 梅山猪偏低外，其余随梅山猪血缘比例增加，脂肪含量增加，而粗蛋白质含量则减少。肉色和大理石纹评分，杜×大猪与含梅山猪血缘的杂种猪差异显著，含梅山猪血缘的育肥猪之间差异不显著。肉色由肌肉中的色素、肌红蛋白和血红蛋白决定。新鲜肌肉断面因还原型肌红蛋白（紫红色、Fe^{2+}）而呈紫红色，当与空气接触，出现增艳现象，即呈现鲜红色。梅山猪及其杂种猪的肉色评分显著高于国外猪种。含梅山猪血缘杂种猪的 pH 显著高于杜×大杂种猪，含梅山猪血缘的杂种猪间差异不显著。杜×大猪的失水率显著高于梅山猪及其杂种猪，1/8、1/4、3/8 梅山猪间差异不显著，而与 1/2 梅山及纯种梅山猪差异显著。熟肉率 6 个血缘间无差异，但前 5 种血缘从数值上高于纯种梅山猪（表 2-22）。

表 2-22　含不同比例梅山猪血缘的育肥猪（110 kg）瘦肉重常规成分及肉质比较

指标	含梅山猪血缘					
	0（杜×大）	1/8 梅山	1/4 梅山	3/8 梅山	1/2 梅山	1 梅山
总水分（%）	71.85	71.84	72.43	72.35	71	70.37
初水分（%）	68.85	67.7	68.3	68.16	67.03	66.40
吸附水分（%）	3.00	4.14	4.1	4.19	3.97	3.97
干物质（%）	28.15	28.16	27.57	27.65	29	29.63
肌内脂肪（%）	3.58	4.08	3.27	4.8	5.82	7.2
粗蛋白质（%）	22.84	22.81	22.97	18.84	21.5	19.43
肉色（分）	2.5	3.0	3.0	3.13	3.0	3.0
大理石纹（分）	2.75	3.5	3.75	4.0	4.0	4.0
pH	5.54	6.14	6.21	6.18	6.17	6.00
失水率（%）	33.44	30.27	30.95	30.01	26.53	28.06
熟肉率（%）	67.05	67.64	67.05	66.53	68.61	65.59

在同一体重下（110 kg 左右）屠宰比较肌纤维直径和单根肌纤维横截面

积发现，杜×大杂种猪显著高于梅山猪和含有梅山猪血缘的杂种猪，含梅山猪血缘的杂种猪显著高于纯种梅山猪，而含梅山猪血缘的杂种猪间差异不显著。一个视野内肌束个数杜×大杂种猪显著少于含梅山猪血缘的育肥猪。同一血缘不同体重时，随体重增加，肌纤维直径和单根肌纤维横截面积也逐渐增加，但体重较小时的增长强度显著高于较大体重时的增加值。肌肉大理石纹是表征眼肌内可见脂肪分布和含量的一个很形象化的指标。适度的肌内脂肪含量可使熟肉具有嫩度感和多汁感，梅山猪及其含不同血缘杂交猪均表现较好的肌内脂肪率。失水率是我国常用的间接反映系水力的指标，失水率越高，系水力就越低。肌肉中总水分有 5% 左右为结合水，肌肉系水力的变化主要由其余 95% 的肌肉水分决定。各血缘育肥猪的总水分无明显差异，但吸附水（结合水）含量，含梅山猪血缘的育肥猪显著高于杜×大杂种猪。熟肉率的高低与系水力的高低有关。在同一体重下，各血缘育肥猪腰大肌的熟肉率无明显差异，可能由于杜×大猪系水力低，水分损失较大，而梅山猪及梅山猪的杂种猪，可能脂肪的损失量较大。从同一血缘不同体重的熟肉率结果看，杜×大、1/8 梅山和纯种梅山猪随体重增加，熟肉率提高，而其余 3 种没有表现出明显的规律性。在同一体重下梅山猪及其杂种猪与杜×大猪相比，干物质无明显差异，但肌内脂肪含量高于杜×大猪，粗蛋白质含量低于杜×大猪（表 2-23）。

表 2-23　不同比例梅山猪血缘的育肥猪在不同体重下屠宰最长肌的
纤维直径、横截面积、视野内肌束个数测定结果

血缘	体重（kg）	测定根数（根）	肌纤维直径（μm）	横截面积（μm²）	视野内肌束个数（个）
1 梅山	52.3±2.85	1 154	41.56±3.21	1 242.60±58.61	9.0±0.11
	69.3±3.56	1 440	42.17±3.32	1 483.78±57.21	9.0±0.08
	83.9±4.56	1 382	45.68±3.78	1 648.55±59.12	10.0±0.12
	109.5±1.02	950	46.19±3.10	1 743.36±62.55	8.0±0.13
1/2 梅山	61.5±2.56	1 268	46.00±2.87	1 763.16±55.62	7.0±0.07
	82.3±2.13	1 381	42.66±3.22	1 519.64±52.36	13.7±0.22
	114.1±1.98	1 432	50.24±4.12	2 016.53±58.32	7.3±0.12
	127.7±1.09	1 417	46.46±3.00	1 772.30±53.64	9.7±0.14
3/8 梅山	62.5±2.68	1 428	40.18±3.11	1 186.48±52.61	9.5±0.12
	85.1±2.18	1 428	45.24±3.72	1 683.76±60.36	8.7±0.08
	109.7±1.56	1 488	49.31±4.05	1 984.36±55.14	8.7±0.15
	136.3±1.76	1 426	53.57±4.53	2 330.68±73.20	7.3±0.14

（续）

血缘	体重（kg）	测定根数（根）	肌纤维直径（μm）	横截面积（μm²）	视野内肌束个数（个）
1/4 梅山	67.5±2.14	1 323	43.59±3.18	1 616.55±53.61	9.0±0.13
	87.1±2.54	1 432	51.49±4.18	2 165.80±52.18	8.0±0.11
	109.6±1.87	1 403	50.78±4.07	2 082.90±52.67	8.0±0.08
	138.9±1.78	1 193	57.89±3.89	2 532.47±59.35	7.5±0.10
1/8 梅山	69.3±2.43	1 053	39.63±2.72	1 305.99±49.63	10.5±0.13
	91.9±2.35	1 438	45.85±2.89	1 718.06±56.32	8.5±0.08
	110.3±1.99	1 428	49.27±3.07	1 952.95±54.21	8.5±0.10
	148.0±1.10	997	47.67±3.12	1 906.34±52.18	9.5±0.14
杜×大	70.3±3.21	744	47.83±2.54	1 918.85±48.96	7.5±0.12
	95.0±4.06	1 126	59.28±3.82	2 642.90±52.71	7.0±0.11
	109.2±3.56	1 108	59.96±3.02	2 657.38±51.89	7.0±0.09
	148.9±3.02	917	60.03±4.03	2 689.18±50.12	6.0±0.05

猪肌肉内肌纤维根数一出生就已固定，在以后的生长发育过程中，主要是肌纤维直径大小的改变。梅山猪及其杂种猪的肌纤维直径和横截面积显著低于杜×大杂种猪，而含梅山猪血缘的杂种猪介于两个纯种之间，但倾向于梅山猪。

第三章
品 种 保 护

　　动物品种保护是保护家畜多样性的重要体现，也是保护生物多样性的一个重要方面。从深层次来讲，多样性是所有生命系统的特征，是生物发展的安全保障。损害多样性会导致生物发展的韧性减弱，导致整个生态系统生命力下降，因此，保护生物多样性是持续发展的基础，对人类社会经济的稳定和发展具有重要意义。

　　家畜多样性也是家养动物进化的结果。这种进化的成因除了生态条件和自然选择以外，还要加上饲养条件和人工选择。人类培育出了动物品种，但还没有能够创造出品种间的生殖隔离，所以家畜多样性与生物多样性相比，家畜因杂交容易被消灭。大量原始品种的灭绝，肯定会带来家畜多样性的衰退，影响畜牧业的未来发展。

第一节　保种概况

一、保种的概念和意义

　　保种就是保护人们需要的畜禽品种资源，使之免遭混杂或灭绝，也就是说，要妥善保存畜禽资源的基因库，使其中的优良基因不致丢失。从这个意义上说，保种要求闭锁繁育和防止近交，而不强调品质的提高。

　　从遗传角度考虑，保种就是保存基因。因为基因是遗传变异的基本功能单位，任何性状都是由基因决定的。有的特定的基因能在特定的环境条件下发育成为特定的性状。群体中某个基因可能暂时未被发现它的价值，但今后需要该基因时，若已丢失，就难以形成特定的性状。

从育种学角度考虑，保种就是保存性状。育种主要是通过对具体性状的选择达到遗传改良的目的。保种就是要妥善保存现在或将来有用的性状，作为将来育种的素材。

从畜牧学角度考虑，保种就是保存品种。动物品种是在一定社会和自然条件下育成的，是人们劳动的产物，已经具有人们所需要的某些生产能力，因此保种就是要保存这些已经育成的品种，避免混杂、退化或泯灭。

从社会学和生态学角度考虑，保种就是保护资源。因为无论是品种还是物种，都是人类社会和自然界的遗传资源，它们是社会发展、生物进化、生态平衡不可或缺的。

保种的主要意义在于：保留的品种可为将来的育种提供素材；储备将来所需的特定性状的遗传基因；保持生物多样性，维持生态平衡。

二、保种原理

保种工作是当前地方品种育种工作的一项重要任务，根据群体遗传学的原理，在一个封闭的有限群体内，特别是小群体中，任何一对等位基因都有可能因遗传漂变而使其中的一个基因固定为纯合子，另一个消失。近交不但能引起衰退，而且由于它具有使基因趋向纯合的作用，因而在选择和漂变的配合下，也能使某些基因消失，这些因素对保种都是不利的。

一般而言，近交增量（ΔF）和群体有效含量（N_e）是影响保种效果的两个主要因素；群体有效含量与近交增量呈反比例关系，群体有效含量越多，近交增量越小，基因丢失概率越小，保种效果越好。群体遗传多样性减少的概率，一般以一个世代群体平均近交系数增量来表示。近交系数是由父母双方的相同基因复制组成个体一对等位基因的概率，即由来自双亲的同一种等位基因占据一个位点的概率，那么，一代间群体平均近交系数增量，也就是这个概率在一个世代中上升的幅度。

群体近交系数增加的快慢，主要受群体大小和留种方式的影响。一般来说，群体越大，近交系数增量越小；相反，群体越小，近交系数增量就越大。但是，同样的群体，由于公母比例不同，近交系数增量也不同，因此，在进行群体比较时，常用群体有效含量来表示群体大小。所谓群体有效含量，是指在近交系数增量的效果上群体实际头数相当于"理想群体"的头数，而理想群体是指规模恒定，公母各半，没有选择、迁移、突变，也没有世代交替的随机交配群体。显然，群体有效含量越大，近交系数增加越慢。据测算，群体有效规模为 10 头时，群内繁殖到 20 世代时，群体的平均近交系数可高达 0.7，如果群体有效含量为 200 头时，同样到 20 世代，近交系数仅为 0.1 左右。可见，要保持一个品种的优良性状不丢失，必须保持有适当的有效含量。群体有效含量与公母比例关系密切。同样数量的群体，公畜数量越多，群体有效含量越大；相反，公畜越少，有效含量越小。因此，一个保种群开始建立时就应保留一定数量的家系，在以后世代中也应采取各家系等量留种的方法，特别是每个家系必须留下公畜，以保持更多的血统来源。

三、保种方法

（一）静态保种

静态保种是指尽可能保持原种群的遗传结构，保持其特有的基因频率与基因型频率，防止任何遗传信息从群体中丢失。静态保种可采用低温冷冻保存配子、受精卵和胚胎。由于抽样误差，基因频率和基因型频率也有所变化，但是已经降低到最低限度，并防止了保种群与其他种群的混杂。只要样本足够大，群体中的任何遗传信息就不致丢失。从保种成本看，保存配子优于保存受精卵和胚胎；从保种效果看，则截然相反。

（二）进化保种

进化保种是指允许保种群内自然选择的存在，群体的基因频率和基因型频率随选择而变化，群体始终保持较高的适应性。进化保种属于小群体活体保种的一种，活体保护下自然选择是不可避免的，只能通过控制环境来尽可能降低自然选择的作用。除明显的遗传缺陷外，一般不进行人工选择，从而使得保种群始终维持较高的适应性和较多的遗传变异。进化保种要求群体规模较大，防止近交。

（三）系统保种

系统保种是指依据系统科学的思想，把一定时空内某个品种所具有的全部基因种类和基因组的整体作为保存的对象，综合运用现今可能利用的科学技术和手段，建立和筛选能够最大限度地保存品种基因库中全部基因种类和基因组的优化理论和技术体系。

四、规范化保种的要求

(一) 保种目标

梅山猪保种以高繁殖力和多乳头数两个特异性状为重点，兼顾性早熟、肉质好、适应性强等优点，根据盛志廉等提出的"目标保种"和"系统保种"的观点，将梅山猪的全部优良性状统筹分配到各个类群去保，使每个类群都只有少数几个明确的保种目标，这样就可将保种目标纳入选育目标中去，以便选育与保种紧密结合。但各类群都必须把产仔多、乳头多两个特异性状列入保种目标。

(二) 保种规模

1. 只保存 1～2 个特异性状　群体规模可缩小到 35 头母猪、4 头公猪。

2. 保存多个优良性状　如要保存多个优良性状，甚至全面保存梅山猪的各种性能，就要实行随机交配，那么群体就要大。因为基因遗传漂变现象随着群体的增大而趋于减少，一个基因达到固定或漏失的平均世代数也会随着群体的增大而拉长。当然群体大小，应以有效含量来衡量，因为只有一大群母猪而公猪很少，基因就会从公猪漂失。

各种情况下，群体有效含量的计算公式如下：

(1) 在群体中公母对半的情况下，群体有效含量 (N_e)，可按下式算出其近似值：

$$N_e = \frac{4N}{2 + \sigma^2}$$

式中，N 为群体实际含量；σ^2 是各家系的子代在留种群体中的方差，在合并随机选留种猪时，$\sigma^2 = 2$，在各家系等量留种时，$\sigma^2 = 0$。

生产实际中，公猪饲养的数量远远小于母猪的数量，群体有效含量主要涉及公猪多少的问题，公猪多了有效含量就多，公猪少、母猪即使再多，有效含量也增加无几。如：母猪 100 头，公猪 12 头的群体，$N_e = 42.86$ 头；母猪 100 头，公猪 50 头的群体，$N_e = 133.3$ 头；母猪 200 头，公猪 12 头的群体，$N_e = 45.28$ 头。

（2）在公母不等，但选种时各家系在数量和性别上仍是等数的情况下，计算群体有效含量的公式为：

$$\frac{1}{N_e} = \frac{3}{16N_S} + \frac{1}{16N_D}$$

（3）如采用合并随机选种法（$\sigma^2 = 2$），公母数又不等的群体，则计算公式为：

$$\frac{1}{N_e} = \frac{1}{4N_S} + \frac{1}{4N_D}$$

式中，N_S 为实际参加繁殖的公猪头数；N_D 为实际参加繁殖的母猪头数。

（4）按 C. Dragaueseu 于 1975 年提出的理论，猪基因群体的最少含量为：母猪 100 头、公猪 12 头。这也是目前国家级地方猪保种场的群体数量要求。

①若采用各家系等量留种，计算公式如下

$$\frac{1}{N_e} = \frac{3}{16N_S} + \frac{1}{16N_D} = \frac{3}{16 \times 12} + \frac{1}{16 \times 100} = 0.016\ 25$$

$$N_e = 61.54 \text{ 头}$$

②若采用合并随机留种，计算公式如下：

$$\frac{1}{N_e} = \frac{1}{4N_S} + \frac{1}{4N_D} = \frac{1}{4 \times 12} + \frac{1}{4 \times 100} = 0.023\ 33$$

$$N_e = 42.86 \text{ 头}$$

有了群体有效含量，就可以计算世代近交增量。每世代的近交增量（ΔF），按下式计算：

$$\Delta F = \frac{1}{2N_e}$$

若采用各家系等量留种：

$$\Delta F = \frac{1}{2N_e} = \frac{1}{2 \times 61.54} = 0.008\ 12$$

要达到 $F_x = 0.5$，要 61.6 世代。

若采用合并随机留种：

$$\Delta F = \frac{1}{2N_e} = \frac{1}{2 \times 42.86} = 0.011\ 7$$

要达到 $F_x = 0.5$，要 42.74 世代。

可见在规模相同条件下，选种方法以各家系等量留种为好，近交系数增加较慢，基因丢失自然就少。

（三）交配方式

如果只保存1～2个性状，特别是繁殖力性状，在与选育相结合时，只要把它作为选育指标之一，采用任何选育方法，即使是近亲交配，近交系数达35％以上，也不致造成增效基因的丢失。但如果要全面保存一个品种的性状时，一般的选育方法并不适宜，要采用随机交配方式，因为后者能使基因纯合速度减慢，减少基因丢失。

（四）常规措施

需要说明的是，在我国目前尚未实行系统保种的前提下，一般还是常规保种。通常的措施有以下几类。

1. 建立基地　禁止引进其他品种，严防群体混杂。目前，地方猪保种方面，国家和各省份均建有国家级或省级保种场、保护区或基因库，某些品种还不止一个保种场，允许同一品种不同保种场、保护区或基因库间血统交换。

2. 确定规模　一般来说，要求保种群在100年内近交系数不超过0.1。

3. 合理留种　各家系等量留种，即在每1头世代留种时，实行每1头公猪后代中选留1头公猪，每1头母猪后代中选留等数母猪。

4. 随机交配　如能在保种群中避免全同胞、半同胞交配，或采取非近交公猪轮回配种，可使近交系数不致上升过快。

5. 延长世代间隔　可以延缓近交系数的增加，猪的世代间隔设为2.5年，可选在第3～4胎的后代中留种保护。

6. 避免选择　一般不实行选择，或按照平均数进行留种。

7. 环境稳定　远离和控制污染源，防止基因突变。

五、梅山猪保种概况

梅山猪原属太湖猪中的一个地方类群，太湖流域地方猪的保种工作自古以来就一直在进行。

（一）梅山猪改名之前的保种情况

1. 建立良种场和种猪场　20世纪90年代之前，由政府投资建场，主管部门每年下达太湖猪公、母猪饲养头数和纯繁数量，并给予相应的经费和平价饲料补贴。到 1989 年，江苏省、浙江省和上海市共建设县级种猪场 28 个，乡级种猪场 200 多个，饲养太湖猪种猪 1 万多头。由于这些种猪场发挥骨干作用，源源不断地提供大批优质苗猪给农民饲养，饲养头数逐年增加。据 1989 年统计，太湖猪的存栏量：上海市有母猪 13.24 万头、公猪 210 头；江苏省有母猪 32 万头，占江苏全省母猪总数的 26％；浙江省有母猪 16 万头。

2. 保种与选育相结合 种猪场既要考虑有效地保种，又要考虑节约开支，否则难以完成。盛志廉等认为，保种除为当前杂交提供杂交母本外，主要为发展未来畜禽品种提供部分"零件"和"原材料"，所以保种不是原封不动地保，而要保存已知优良性状的基因或基因组合；保种要与选育相结合，实行动态保种，从选育提高生产性能中得效益，而且保种群和选育群可以合二为一，选育措施与保种措施统一兼容，做到一套人马、一笔资金，兼办选育和保种两件事。从宏观看，根据品种的整体性和可分性理论，提出目标保种理论和系统保种方法，以替代现有的随机保种理论和分立保种方法。

3. 保种与杂交利用相结合 鉴于保种既是人类社会长远利益的需要，又是一项缺乏近期经济效益的事业，需要一定的投入而即时经济收益不多，因此，保种一定要与经济杂交相结合，从杂种优势中获取经济效益，并通过建立杂交繁育体系，把梅山猪作为杂交原始母本建立核心群，使梅山猪在杂交利用中始终占有一席之地，并起强化杂种优势的积极作用。

4. 保种与良种登记和优良种猪场评比相结合 太湖猪育种委员会每年组织一次普遍的太湖猪良种登记，每两年组织一次太湖猪优秀种猪评比。《太湖猪良种登记办法》中规定：凡饲养纯种太湖母猪不到 30 头，公猪血统不到 3 个的场，没有申请登记资格；对评上优秀种猪的优秀场和工作人员予以奖励，二等以上优秀母猪的后代，售价可比市场价提高 10％～30％。在"太湖猪优秀种猪场评比办法"和"太湖猪种猪场评分标准说明"中评比条件规定，饲养纯种太湖猪母猪要在 60 头以上。这两项评比登记活动，不仅起到了普遍提高种猪场育种水平和猪种质量的作用，而且也促进了太湖猪数量的增加，是保种的一项重要措施。

（二）梅山猪改名之后的保种情况

目前全国范围内，梅山猪保种主要集中在上海和江苏，已被确立国家级畜禽遗传资源保种场的有 5 家单位，梅山猪（中型）保种场在嘉定区梅山猪育种中心和江苏省苏州市昆山市梅山猪保种有限公司，梅山猪（小型）保种场在江苏省吴中区苏州苏太企业有限公司国家级梅山猪保种场、苏州市太仓市种猪场和江苏省句容市江苏农林职业技术学院。

太仓市种猪场 1974 年始建于双凤镇泥泾村 204 国道东侧，2006 年由原址搬迁重建于沙溪镇太星村（太仓市农业园区内），是国家级梅山猪保种场（C3201036），也是江苏省外种猪定点扩繁场和太仓市梅山猪保种协会实施梅山猪保种的核心场（JS-C-08）。太仓市种猪场占地 60 000 m²，总投资 1 200 万元，建有高标准猪舍 27 幢，共 11 000 m²，其中发酵床猪舍面积 5 200 m²。猪场现存栏梅山猪母猪 120 头，梅山猪公猪 13 头。保种场与南京农业大学、扬州大学、江苏省及各市畜牧兽医站等教学科研单位密切合作，主要技术人员由有 20 多年梅山猪保种选育经验的畜牧专家、学者等技术人员组成。梅山猪种猪销往全国 21 个省、自治区、直辖市，还远销朝鲜、罗马尼亚、日本、匈牙利等国家。

江苏农林职业技术学院建有国家级畜禽遗传资源保种场，2008 年被列入首批国家级畜禽遗传资源保种场（C3201007），2015 年 7 月被列入江苏省省级梅山猪保种场（JS-C-23）。种猪场位于江苏省句容市边城镇赵庄村江苏农博园内，占地293万 m²，园内农林牧渔业自成体系，是宁镇丘陵地区循环农业的典范，同时也是国家 3A 级旅游景区。种猪场占地 8 671 m²，现有各类猪舍及配套附房 3 156 m²，其中猪舍 1 990 m²；现存栏梅山母猪 120 头，种公猪 12 头，已液氮保存 6 个血统 7 头种公猪的冷冻精液10 000多支，并委托全国畜牧总站保存梅山猪公猪冷冻精液30 000多支。依托江苏农林职业技术学院畜牧兽医学院技术支撑，围绕种猪保种、选育和开发利用，与南京农业大学、扬州大学、江苏省农业科学院等科研院所紧密合作，多年的保种与科研实践，已形成了一支结构合理、经验丰富、爱岗敬业的专业技术和饲养管理团队及一整套较完备的技术研发、推广、服务体系。

上海市嘉定区梅山猪育种中心现为"上海市嘉定区动物疫病预防控制中心"，创建于 1958 年，1993 年被农业部确定为国家级重要种畜场；2008 年被确定为国家级梅山猪资源保护场（C3101005），主要承担梅山猪保种工作。上海市嘉定区梅山猪育种中心位于上海市嘉定区嘉唐路 1991 号。新猪场建设存栏梅山纯种生产母猪 320 头的核心种群场 1 个；建设存栏梅山纯种生产母猪 700 头的扩繁种群场 1 个；建设能全部处理粪污水并沼气发电的生物处理中心

1座（4 526 m²）。规划用地为67 833 m²，设计猪舍19幢（1幢为隔离舍，375 m²），25 278 m²（不包含辅助设施），总建筑面积31 313 m²。现有猪群全部在核心区内。目前，存栏经产种母猪199头，种公猪27头。

苏州苏太企业有限公司是由原苏州苏太（集团）公司、苏太猪育种中心等单位转制组建而成的农业集团企业，是江苏省农业产业化经营重点龙头企业和苏州市十佳龙头企业。其所属的苏太猪原种场被农业部授予国家级重点种畜禽场（C3201009）、江苏省猪种质资源基因库称号。国家级二花脸、梅山猪保种场位于江苏省苏州市北桥街道鹅东村，苏州绕城高速公路之外，离苏州市区35 km。保种场现有猪舍22栋，猪舍建筑面积8 650 m²。猪场实行人畜分离，集中饲养，封闭式管理；猪场建筑在总体上做到生产区与生活区隔离，净道与污道分开；种猪、仔猪、育成猪及育肥猪分开饲养管理，从配种、妊娠、分娩、保育、育肥实行全进全出封闭式饲养管理，猪的饮用水采用自动饮水装置，通风系统和降温设施、饲料加工设施等齐全。公司聘请南京农业大学、扬州大学、上海交通大学、江苏省农业科学院的全国著名专家、学者作为技术顾问，为太湖猪的保种选育及开发利用提供了坚强的技术后盾。目前，存栏梅山种公猪12头、种母猪104头，有6个家系。

昆山市梅山猪保种有限公司主营梅山猪饲养、保种、推广与猪肉销售。2015年7月被江苏省农业委员会列入省级畜禽遗传资源保种场（JS-C-05）；2017年6月被农业部列入国家级畜禽遗传资源保种场（C3201055）。该场位于昆山市陆家镇泗桥村苗圃场内，占地33 333 m²，建筑面积8 000 m²。保种区和开发利用区设置饲养繁育场、饲料加工区、畜禽无害化处理区和粪污排放处理区等场所，配备了相应的设施设备。保种区饲养繁育场建有种公猪房、母猪保胎房、产房、后备种猪房、保育房及育成房，从配种、妊娠、分娩、保育、育肥实行封闭式饲养管理，种猪、仔猪、育成猪及育肥猪分开饲养。保种区建有通风系统、自动饮水系统、湿帘降温系统、半自动喂料系统、自动刮粪系统、产房仔猪保温系统。目前保种规模为种母猪145头、种公猪14头，三代之内没有血缘关系的家系数7个。

第二节　保种目标

种质资源保存就是保护其种质特性世代传承。换言之，建立活体保种群和基因库，采用适当的繁育和选种制度，防止保种群近亲繁殖，控制遗传漂变或基因丢失，保持群体的遗传稳定性。

根据 2006 年农业部颁布的《畜禽遗传资源保护场保护区和基因库管理办法》，猪遗传资源保护场的保种群规模要求，基础母猪 100 头以上，公猪 12 头以上且三代以内没有血缘关系的家系数不少于 6 个。

根据梅山猪的种质特性，保种目标以繁殖性状（如产仔数等）为主，兼顾体型外貌、生长性状与胴体性状（小型、中型参考相关标准适当修订）。

1. 体型外貌 具有本品种外貌特征。要求体型适中，身体紧凑细致，头较小，耳中大下垂，面略狭而清秀，嘴筒较长，额面皱纹浅而少，背腰平直，臀部丰满，四肢结实；毛色浅黑，四肢、鼻吻及尾巴尖部被毛白色，少部分腹下为白色，俗称"四脚白"，毛稀而短软。生殖器官发育正常，本身及同窝仔猪中无遗传疾患，健康状况良好。母猪乳房发育良好，有效乳头16 个以上。

2. 生长发育 正常饲养管理条件下，60 日龄仔猪体重不低于 7 kg，180 日龄后备猪体重不低于 34 kg，成年公猪体重不低于 100 kg、母猪不低于 110 kg；育肥猪适宜屠宰期 8～10 月龄，适宜屠宰体重 70～80 kg；15～75 kg 体重阶段内，平均日增重不少于 370 g、每千克增重耗料 4.2 kg 左右。

3. 繁殖性状 母猪初情期 60～120 日龄，初配年龄 4～6 月龄；初产母猪平均总产仔数不少于 11 头，产活仔数不少于 10 头；经产母猪平均总产仔数不少于 15 头，产活仔数不少于 13 头；公猪第一次爬跨射精为 70～90 日龄，公猪初配适宜年龄为 6 月龄。

4. 胴体品质 体重 70～80 kg 时屠宰，空体重屠宰率 68% 左右、胴体瘦肉率 42% 左右，肉质鲜嫩，无 PSE 肉和 DFD 肉。

第三节　保种技术措施

1. 交配制度 根据现有保种群的血缘关系，将生产公猪划分为 Ⅰ～Ⅵ 6 个家系，生产母猪划分成 A～F 6 个繁殖群，根据公、母猪系、群的血缘亲疏，以群体近交系数最低为目标，采用"0－1"整数规划，建立梅山猪的交配组合制度。

2. 留种制度　原则上采用"血缘替补、继代选留、自然淘汰和延长世代间隔"，各家系和繁殖群等量留种的制度，但该方案实施初期，考虑到保种群血缘关系对繁殖群划分的影响，各繁殖群母猪的选留量需酌情调整；保种群世代传承的实施方法原则上为"父老子继，母死女代"。

3. 提纯复壮　根据《梅山猪》（DB 32/T 1394—2009）、《梅山猪（中型）》（DB 32/T 3203—2017）以及全国畜牧业标准化技术委员会《梅山猪》（20140402-T-326，已批准，暂未发布）品种标准，在世代繁育传承中，对种质特征、特性提纯复壮；同时，依托江苏农林职业技术学院、南京农业大学、昆山市畜牧兽医站、扬州大学等教学、科研单位，联合开展对地方猪种抗病力和抗应激等研究，进一步提升其种质潜能和健康水平。

4. 肉质研究　开展体型外貌、生长繁殖性能、肉质性状等的检测，探索它们之间的相关性。同时，针对目前市场对安全产品、绿色肉食品的需求，开展饲养方式、饲料营养、品种（组合）与肉质风味等相互关系的研究探索。

5. 配合力的测定　为了更好地开发利用梅山猪种质资源，拟进行二元和三元的杂交试验，测定配合力，筛选出理想的梅山猪专门化配套系。

6. 稳定饲养管理条件　根据《梅山猪养殖技术规程》，尽可能保持猪舍内外环境条件相对稳定；各类种猪日常的饲养管理和使用的饲料原料品种、来源等保持相对稳定，确保饲料等投入品的质量安全。

7. 保种效果监测　活体保种群的体型外貌、生产性能和遗传性能，在世代传承中力求相对稳定，以梅山猪品种标准为标准，重点监测以下性状的变异动态，采用 MTDFREML 方法（多性状非求导约束最大似然估计法）对梅山猪主要性状进行遗传参数估计和育种值估计。

（1）体型外貌。

（2）后备猪的生长发育性能。

（3）生产母猪的繁殖性能。

（4）遗传多样性监测：每年对留种的后备猪（酌选全同胞）及其亲本，应用联合国粮农组织推荐的 30 个微卫星标记，检测分析其遗传多样性的变异动态。

8. 建立种猪档案　根据农业农村部《畜禽标识和养殖档案管理办法》的有关规定，建立以下档案资料：

（1）种猪系谱：投产种猪都必须建立系谱卡。种猪系谱卡由以下四个部分组成：

A. 种猪基本信息：含种猪的个体编号、出生或进场时间、品种、品系、近交系数、初生重、21 日龄个体重、左右乳头数、离场日期及原因等内容。

B. 种猪个体系谱：含该种猪上三代的祖先耳号。

C. 生长发育记录：含后备猪 60 日龄、120 日龄、180 日龄和成年的体重、体尺及活体背膘厚等项目。

D. 繁育实绩记录：记录母猪各胎次和公猪与配母猪年度平均的繁育实绩。

（2）种猪繁育业绩：主要包括种公猪采精记录、母猪配种记录、母猪产仔哺育记录等档案资料。

（3）种猪健康记录：主要反映种猪的免疫情况（免疫时间、疫苗种类、免疫剂量和途径）、猪场防疫卫生和消毒记录、发病和治疗情况、死亡时间及无害化处理方法等。

（4）群体系谱图：对保种群全部投产种猪，按照相互亲缘关系，绘制成一张群体系谱图。通过该图清晰地反映整个种猪群的血缘结构，种猪间的亲缘关系，各家系的基本情况等。

（5）档案管理：建立种猪档案室，落实专人负责种猪档案资料的采集、处理和保管工作。按要求即时准确采集、记录各类技术、管理资料，定期整理、统计处理，为种猪保种和选育提供依据。针对种猪遗传评估等工作需要，拟购买实用的育种软件，实现保种场档案资料的微机管理。

第四节　种质特性研究

一、遗传特性

1. 主要经济性状的遗传力评估　张文灿等（1983）对梅山猪主要经济性状进行了评估（表 3-1），结果显示梅山猪主要性状遗传力估测值都在国内外报道的范围内，其繁殖性能与国外报道相近，低于国内报道，生长发育性状则高于国外报道的均数，其中 6 月龄个体重遗传力（h^2）为 0.39 ± 0.26，8 月龄个体重遗传力（h^2）为 0.40 ± 0.20，8 月龄日增重遗传力（h^2）为 0.56 ± 0.45，都显著超过国内外平均数，说明这些性状有较大的遗传潜力。

表 3-1　梅山猪主要经济性状的遗传力

性状/参数	$h^2 \pm S$	品种平均	国外文献		国内文献	
			范围	平均	范围	平均
总产仔数	0.16 ± 0.21	0.09	$-0.17 \sim 0.59$	0.10	$0.05 \sim 0.23$	0.17
产活仔数	0.22 ± 0.25	0.14	$-0.17 \sim 0.59$	0.10	$0.10 \sim 0.38$	0.18
初生窝重	0.25 ± 0.25	0.18	$0.12 \sim 0.36$	0.22	$0.07 \sim 0.37$	0.15
断乳头数	0.19 ± 0.21	0.15	$-0.09 \sim 0.32$	0.13	$0.06 \sim 0.26$	0.15
断乳窝重	0.11 ± 0.16	0.18	$-0.07 \sim 0.37$	0.17	$0.06 \sim 0.21$	0.14
初生个体重	0.40 ± 0.12	0.24	$0.12 \sim 0.37$		$0.17 \sim 0.56$	0.30
断乳个体重	0.39 ± 0.23	0.28	$0.12 \sim 0.33$		$0.12 \sim 0.43$	0.22
6 月龄个体重	0.39 ± 0.26	0.35	$0.07 \sim 0.72$		$0.17 \sim 0.32$	0.27
8 月龄个体重	0.40 ± 0.20	0.31				
8 月龄日增重	0.56 ± 0.45	0.42	$0.04 \sim 1.11$	0.33		
8 月龄体长		0.51				
8 月龄胸围		0.34	$0.40 \sim 0.81$	0.59		
8 月龄体高		0.64				
乳头数	0.56 ± 0.21	0.41	$0.51 \sim 0.75$	0.65	$0.08 \sim 0.35$	0.13

　　盛桂龙等（1982）整理了嘉定县娄塘种畜场梅山猪的生产记录（1975 年春至 1980 年秋），对梅山猪繁殖性状和后备猪 6 月龄体重的遗传力进行分析（表 3-2），发现梅山猪若干性状遗传力中除乳头数的遗传力（0.44）属于中等遗传力外，其他 8 个性状的遗传力都较低。

表 3-2　梅山猪若干数量性状的遗传力

性状	遗传力	测定方法
乳头数	0.44	全同胞
产仔数	0.28	全同胞
产活仔数	0.23	全同胞
初生窝重	0.23	半同胞
初生个体重	0.14	半同胞
断乳仔猪	0.13	半同胞
断乳窝重	0.13	半同胞
断乳个体重	0.22	半同胞
6 月龄体重	0.15	半同胞

并对主要 12 对数量性状的相关性进行了计算（表 3-3），结果显示，表型相关和遗传相关不完全一致，就表型相关而言，产仔数与产活仔数属强正相关，产活仔数与断乳仔数、断乳仔数与断乳窝重、断乳个体重与初生个体重、断乳个体重与 6 月龄体重属于中等正相关；乳头数与产仔数、初生窝重与初生个体重、初生窝重与断乳窝重、断乳个体重与断乳窝重属于正弱相关；而产活仔数与初生个体重、断乳仔数与断乳个体重属于中等负相关。就遗传相关而言，产仔数与产活仔数、产活仔数与初生窝重、产活仔数与断乳仔数、断乳个体重与 6 月龄体重属于强正相关，乳头数与产仔数、初生窝重与初生个体重、断乳个体重与初生个体重、断乳个体重与断乳窝重属于中等正相关；断乳仔数与断乳窝重为弱正相关，初生窝重与断乳窝重为弱负相关；产活仔数与初生个体重中等负相关；断乳仔数与断乳个体重强负相关。

表 3-3　梅山猪数量性状间的相关

相关性状	遗传相关	表型相关	测定窝数（头）
乳头数与产仔数	＋0.53	＋0.19	140
产仔数与产活仔数	＋0.73	＋0.80	210
产活仔数与初生窝重	＋0.87	＋0.78	179
产活仔数与初生个体重	－0.45	－0.58	172
产活仔数与断乳仔数	＋0.77	＋0.51	146
初生窝重与初生个体重	＋0.33	＋0.19	161
初生窝重与断乳窝重	－0.13	＋0.11	142
断乳仔数与断乳窝重	＋0.18	＋0.62	159
断乳仔数与断乳个体重	－0.78	－0.37	160
断乳个体重与初生个体重	＋0.61	＋0.37	141
断乳个体重与断乳窝重	＋0.50	＋0.26	125
断乳个体重与 6 月龄体重	＋0.67	＋0.44	128

2. 乳头的遗传　乳头数是猪的重要繁殖性状之一，与产仔数有着一定的联系。梅山猪若干数量性状遗传相关中，乳头数与产仔数的遗传相关呈中等正相关（表 3-3），且乳头数的遗传力相对较高，这也是梅山猪经过长期选育遗

传性得到稳定的结果。在梅山猪选育工作中，利用乳头数遗传力较高和乳头数与产仔数遗传相关呈中等正相关特性，可实现早期初选的目的。

梅山猪中有少数发育不健全的乳头又称副乳头，在母猪呈两侧分布，远离最后一对正常乳头，一般有 1～2 对，母猪性成熟后也不发育，属无效乳头，仔猪在记录乳头数时也不应计算在内。公猪的副乳头一般在两后腿间的腹线上，两个乳头常在一起故又称连乳头，乳头基部合在一起，末端分叉。也有少数母猪，副乳头夹在常乳头中间，并不发育，形状较小，属退化乳头。此外有瞎乳头，即乳头凹陷、乳导管被堵塞的乳头，哺乳时不能导出乳汁，属无效乳头。

3. 毛色的遗传　梅山猪选育对毛色的要求是白脚、稀毛、紫红皮，严格剔除黑脚，允许少量白肚皮等。1982 年调查结果是"四脚白"的个体出现率达 94.8%，腹部白斑、环花背和额部白毛凹窝的个体出现率有所下降，但是黑脚个体出现率略有上升（+0.3）。

4. 近交效应　近交可以使猪的繁殖力、适应性和生活力降低，还能使后代的畸形增多，但梅山猪具有一定抗近交衰退的特性。杨绍华对上海市嘉定县种畜场（1977—1982）的 257 窝纯繁记录进行了近交系数分析，按近交系数嫡亲（$F_x = 0.125$ 以上）、近亲（$F_x = 0.031～0.124$）、中亲（$F_x = 0.008～0.031$）、远亲（$F_x = 0.008$ 以下）以及非亲交（$F_x = 0$）统计分娩繁殖成绩，结果发现，不同程度的近交对总产仔数、产活仔数、初生窝重和死胎率影响差异均不显著。

陈鸿钊等（1999）对小梅山猪进行抢救性保护和选育过程中，开展系祖建系法进行提纯复壮研究（表 3-4），2 世代母猪的平均近交系数比 1 世代母猪高0.147，3 世代母猪的平均近交系数比 1 世代母猪高 0.117，但平均产仔数却不见下降，反而略高一些，产活仔率也没有明显变化，泌乳量（20 日龄窝重）和断乳育成率略差。说明小梅山猪的繁殖性能与抗近交衰退性是比较强的。在对小梅山猪近交系后备母猪生长发育的测定，发现近交个体的生长发育性状，无论是日增重，还是体长、体高，都随着近交系数的增加，表现出下降的趋势。近交 2 世代的种猪个体变得更细致，体型外貌和生产性能更趋一致。江苏农林职业技术学院的梅山猪保种群为近交系，群体采用系祖建系法组建，由 1头 631 号公猪与 6 头母猪组成基础群，经过 20 多年的提纯复壮，现保种群遗传性能稳定。

表 3-4　小梅山猪近交系母猪初产的繁殖性能

世代	近交系数	总产仔数（头）	产活仔数（头）	初生窝重（kg）	20 日龄窝重（kg）	45 日龄断乳窝重（kg）	断乳育成率（%）
1 (n＝35)	0.245	11.4±2.44	10.26±2.62	8.23±2.19	33.35±8.82	63.82±20.1	0.9±0.13
2 (n＝35)	0.392	12±2.46	11.26±2.59	9.04±2.17	30.84±8.19	70.37±22.46	0.84±0.19
3 (n＝18)	0.362	10.28±2.05	9.89±1.99	7.69±1.91	24.81±6.64	58.1±21.23	0.76±0.2

　　张似青等（2007）利用 RHML 法分析嘉定区梅山猪育种中心梅山猪繁育性状的 25 年信息资料表明，中梅山猪群体的遗传结构和繁殖性能不断变化，在近 10 多年来的变化更大，最主要的变化是产仔性能逐年下降，已与建群初期相差 3 头左右（表 3-5、表 3-6）。以上资料表明，梅山猪虽有较好的抗近交特性，但是作为梅山猪保种群，适当开展不同保种场之间的血缘交换，保障群体遗传多样性和性状稳定十分必要。

表 3-5　梅山猪繁殖性能运算模型优劣指标

性状	测定胎数	RHML 对数可能率	赤池氏信息量指标	萧氏指标	运算循环
产仔数	5 116	−14 270.1	−14 274.1	−14 287.1	2
产活仔数	5 093	−13 957.4	−13 961.4	−13 974.5	2
断乳仔猪数	4 577	−11 379.4	−11 383.4	−11 396.3	3
初生窝重	4 539	−15 098.6	−15 102.6	−15 115.4	3
断乳窝重	4 545	−26 340.3	−26 344.3	−26 357.1	3
死胎数	5 100	−11 701.9	−11 705.9	−11 718.9	2

表 3-6　梅山猪繁殖性能遗传参数及固定效应

性状	遗传力	母体效应	固定效应（F 检验）			
			胎次	产仔年份	产仔季节	初产日龄
产仔数	0.09	0.1	***	***	***	NS
产活仔数	0.09	0.11	***	***	***	NS
断乳仔猪数	0.08	0.06	***	***	***	NS
初生窝重	0.12	0.09	***	***	***	NS
断乳窝重	0.16	0.05	***	***	***	NS

　　注：***表示差异极显著（$P < 0.01$），NS 表示差异不显著（$P > 0.05$）。

二、基因研究

(一)抗病育种

1. 抗大肠杆菌特性 梅山猪有抗大肠杆菌 K88 菌株感染的特性,抗 K88 的梅山猪其肠黏膜上缺乏特定的受体,细菌不能与特定受体结合完成入侵和增殖。吴正常利用大肠杆菌 F18 菌株攻毒试验来获得梅山猪断乳仔猪大肠杆菌 F18 敏感型和抗性型全同胞个体。攻毒后梅山猪仔猪出现腹泻、轻度腹泻和不腹泻 3 种不同的表型,腹泻仔猪肠道内容物中的细菌数量远多于不腹泻仔猪。同时黏附试验发现腹泻仔猪小肠上皮细胞大量黏附大肠杆菌 F18;而不腹泻仔猪小肠上皮细胞与细菌基本不黏附。编码大肠杆菌 K88 受体(K88abR 和 K88acR)的基因定位在猪 13 号染色体上靠近转铁蛋白基因的位置,而编码大肠杆菌 F18 受体的基因位于猪 6 号染色体上,该基因和 α-(1,2)-海藻糖转移酶 1($FUT1$)基因有极高的相似性。进一步研究发现,大肠杆菌 F18 抗性组梅山猪仔猪脾脏中的 IL-1β、TNF-α 基因表达量显著高于敏感组,抗性组淋巴结中的 TNF-α 基因表达量显著高于敏感组,抗性组胸腺中的 SLA-3 基因表达量也显著高于敏感组。此外,$BP1$ 基因在抗性仔猪十二指肠中的表达量极显著高于敏感个体。梅山猪与外来品种猪抗大肠杆菌 F18 的性状存在自然差异,抗病基因对断乳梅山仔猪大肠杆菌抗性发挥调控作用。

2. 免疫相关细胞因子 杨建生等(2014)对 35 日龄梅山猪和大白猪血液中部分重要细胞因子(IFN-α、IFN-γ、IL-2、IL-6、IL-10、IL-12)水平进行测定,并比较之间的差异。健康状态下梅山猪血液中 IL-10 水平极显著高于大白猪,而 IL-6 水平极显著低于大白猪。IL-6 主要功能为促进炎症作用,而 IL-10 主要为抗炎症作用,已有研究显示 IL-6 和 IL-10 水平呈负相关,梅山猪可能具有强的免疫应答能力和抗病力。

3. Mx1 基因 Mx 基因在提高家畜遗传抗性方面具有重要开发价值,梅山猪 $Mx1$ 基因第 14 外显子的多态性对梅山猪繁殖性能有重要影响,然而 Mx1 也是一个重要的抗病毒蛋白。Mx 蛋白是由 Ⅰ 型干扰素(IFNα/β)或双股 RNA 诱导宿主细胞产生的一种具有 GTP 酶活性的广谱抗病毒蛋白,其中 Mx1 蛋白有抗病毒活性,而 Mx2 蛋白则无抗病毒活性。猪 $Mx1$ 基因定位于第 13 号染色体上,包含 1 个编码 663 个氨基酸残基的开放式阅读框。根据 $Mx1$ 基因第 14 外显子多态位点的基因频率构建的系统发生树显示，外来猪种和具有外来猪种血统猪种聚在一起，野猪和中国地方猪种聚于另一类群，其中枫泾猪、二花脸猪和梅山猪聚在一起且与野猪的遗传距离最近。根据 AB 基因型可能具有较高的抗病毒能力，提示太湖猪（梅山猪、枫泾猪和二花脸猪）是进行猪抗病育种的较好猪种。Mx1 蛋白可以抑制流感病毒、水疱性口炎病毒和门戈病毒等增殖，猪感染繁殖与呼吸综合征病毒会诱导猪 Mx1 的表达。在人的 $Mx1$ 基因羧基末端附近 Glu-Arg 的替换能够抑制流感病毒的增殖。对梅山猪而言，$Mx1$ 基因第 14 外显子多态性是潜在的重要的抗病遗传标记，值得深入研究。

4. 其他抗病基因　　还有一些其他品种猪上筛选的抗病育种候选基因，尚未在梅山猪验证。BPI（杀菌通透性增强蛋白）是人和哺乳动物内源性阳离子蛋白质。猪源 BPI 具有抑制革兰氏阴性菌活性、中和内毒素活性和调理作用。对不同猪种 BPI 基因进行 RFLP 分析，其基因型与沙门氏菌的易感性有关。$NRAMP1$（天然抗性相关的巨噬蛋白）基因是 $NRAMP$ 基因家族的一个成员。猪 $NRAMP1$ 基因目前被定位于 15 号染色体的 15q23～26 位置。猪 $NRAMP1$ 基因存在 5 个多态性位点，初步研究显示其基因型与猪沙门氏菌的易感性有关。猪的 MHC（主要组织相容性复合物）是一类与机体抗病力和免疫应答有密切关系的蛋白。MHC 作为抗病育种分子标记已被证明与多种抗原的应答、噬菌作用等的易感性等有关，并与多种繁殖、生长等性状有连锁。Toll 样受体属于白细胞介素超家族，为 Ⅰ 型跨膜蛋白，胞内区有高度保守的 TLR 结构域，可通过胞外区的亮氨酸重复序列识别各种病原体相关分子模式而引发机体免疫应答。猪的 TLR 蛋白结构、功能与其他哺乳动物具有高相似性，但对其抗性机制研究还不多。对猪 $TLR4$ 基因的结构、启动子序列及其表达分析发现，猪 $TLR4$ 基因在不同组织中存在 mRNA 选择性剪切。这种剪切差别是否会造成其结构和功能的变化，以及这种变化是否会引起对某些疾病的抗性，还有待更深入的研究。

（二）繁殖性状 QTL 定位

猪的繁殖能力对养猪效益产生直接影响。影响猪繁殖能力的因素有排卵率、卵母细胞的存活率、精卵受精能力、早期胚胎的存活率、胚胎着床能力、胎儿存活率和母猪哺乳能力等，这些因素受遗传和环境的影响。影响猪繁殖力的数量性状遗传力很低，通过选育难以快速提高；衡量猪繁殖能力的性状往往要等到猪具有繁殖能力后才能测定，因此提高猪繁殖能力的选育成为育种工作中的难题。梅山猪素以高繁殖力闻名世界，以梅山猪组建基础群开展 QTL 研究也就较为广泛（表 3-7）。

排卵率的 QTL 定位分布在 3、4、8、9、10、13 和 15 号染色体上，虽定位的区域并不完全相同，但对排卵的 QTL 中，Rohrer 在 8 号染色体上定位 0～20 cM 的 QTL 加性效应为一2.87，为最低，而 Rathje 在 8 号染色体上定位 59.3～107.5 cM 的 QTL 加性效应为 3.07，为最高。

母猪的乳头数决定着幼仔的存活率。目前有 22 个与乳头数相关的 QTL 被定位在 1、2、3、5、6、7、8、10、11 和 12 号染色体上。其中定位在 1 号染色体上 3～16.4 cM 区域的 QTL 加性效应达到 0.7，其次定位在 7 号染色体上 82.3～90.1 cM 区域的 QTL 加性效应为 0.45。这两个位点可作为提高乳头选育的主要 QTL。Rohrer（2000）在 1 号染色体上定位的影响乳头数的 QTL 加性效应为一0.34。

影响初情期的 QTL 一共有 8 个，被定位在 1、7、8、10 和 12 号染色体。Rohrer 定位在 10 号染色体 115～130 cM 区域的 QTL，加性效应为一27.58，进行该 QTL 的选育，可能会明显缩短猪的初情期时间，从而增加猪的繁殖年限。此外，窝产仔数、生前存活率、死胎数、卵巢重量、子宫容纳程度、黄体数目、睾丸重量、妊娠期长短和血浆中 FSH 浓度等与繁殖相关的 QTL 被定位。在已经定位的 QTL 中，影响窝产仔数和生前存活率的在 1 号染色体的 QTL 是通过候选基因法定位，该 QTL 是 ESR 基因片段。位于 8 号染色体上影响黄体数的一个 QTL 通过候选基因法定位，该 QTL 是 GnRHR 基因。

表 3-7　猪繁殖性状 QTL 研究进展汇总

繁殖性状	QTL 数/个	QTL 性状缩写形式	染色体	分布中心位置/cM	侧翼标记			动物资源
					上游	下游	峰值	
产仔数	2	TNB	1	$n/19$	—	—	ESR-PVU	50％US/ERO×50％梅山猪
		LS	8	92.4～127.7/127	SW763	S 0178	n	梅山猪×大白猪（M×LW）
生前存活率	3	NBA	1	$n/19$	—	—	ESR-PVU	50％US/ERO×50％梅山猪
		NBL	8	92.4～127.7/125	SW763	S0178	SPP1	梅山猪×大白猪（M×LW）
		NBL	11	$n/71$	SW435	SW1465	n	梅山猪×长白猪（M×W）
成型指数	1	NFF	11	$n/52$	SW151	SW435	n	梅山猪×长白猪（M×W）

（续）

繁殖性状	QTL数/个	QTL性状缩写形式	染色体	分布中心位置/cM	侧翼标记 上游	侧翼标记 下游	侧翼标记 峰值	动物资源
死胎数	3	SB	4	4.1～27.1/5	S0227	S0301	n	梅山猪×约克夏猪（M×Y）
		NSB	5	n/131	S0018	SWR1112	n	梅山猪×长白猪（M×W）
		NSB	13	n/101	SW1056	SW138	n	梅山猪×长白猪（M×W）
排卵率	11	OVRATE	3	3～70/36	n	n	n	梅山猪×长白猪（M×W）
		OVRATE	4	74.4～80.5/77	SW589	SW512	SW1996	梅山猪×长白猪（M×W）
		OVRATE	8	2.6～9.5/4.85	SW589	SW512	n	梅山猪×长白猪（M×W）
		OVRATE	8	0～20/5	n	n	n	梅山猪×长白猪（M×W）
		OVRATE	8	59.3～107.5/107.5	SW1924	SW790	SW790	梅山猪×长白猪（M×W）
		OVRATE	9	n/1	SW21	S0024		梅山猪×长白猪（M×W）
		OVRATE	9	57～122/67	n	n	n	梅山猪×长白猪（M×W）
		OVRATE	10	44～118/89	n	n	n	梅山猪×长白猪（M×W）
		OVRATE	13	0～35.4/25.4	S0282	S0288	SW935	梅山猪×长白猪（M×W）
		OVRATE	15	53～101/79	n	n	n	梅山猪×长白猪（M×W）
		OVRATE	15	79.3～102.5/88.5	SW120	KS135	SW936	梅山猪×长白猪（M×W）
卵巢重	1	OW	8	116～137/122	n	n	n	梅山猪×长白猪（M×W）
子宫容积	1	UC	8	53～107/71	n	n	n	梅山猪×长白猪（M×W）
黄体数	3	NCL	8	47.99～55.4/52.5	SW205	SW206	SW1843	梅山猪×约克夏猪（M×Y）
		NCL	8	46.3～65.1/55.5	SW933	S0088	n	梅山猪×约克夏猪（M×Y）
		NCL	8	n/60	n	n	GNRHR	梅山猪×ERO 大白猪（M×LW）
睾丸重	1	TESTIWT	3	27.6～42.8/33	SWR1637	S0100	n	梅山猪（♀）×杜洛克（♂）
乳头数	22	TNUM	1	3～16.4/16	SJ029	SWR485	n	哥廷根小型猪×梅山猪（Gm×M）
		TNUM	1	n/104.6	SW803	SW705	n	梅山猪，皮特兰和 ERO 野公猪
		TNUM	1	n/106.8	SW803	SW705	n	梅山猪，皮特兰和 ERO 野公猪
		TNUM	1	n/123	n	n	n	梅山猪×长白猪（M×W）
		TNUM	1	n/153	SW745	SW373	n	MARC 母猪资源群
		TNUM	2	0～19.2/2	SW2443	SW256	SC9	梅山猪×荷兰长白猪（M×D）
		TNUM	2	n/42	S0141	MYOD1	SW240	梅山猪，皮特兰和 ERO 野公猪
		TNUM	3	n/84	n	n	n	梅山猪×长白猪（M×W）
		TNUM	5	n/63.1	SWR453	SW2425	n	梅山猪，皮特兰和 ERO 野公猪
		TNUM	6	n/171	DG93	SW322	n	梅山猪×长白猪（M×W）

（续）

繁殖性状	QTL数/个	QTL性状缩写形式	染色体	分布中心位置/cM	侧翼标记 上游	下游	峰值	动物资源
乳头数	22	TNUM	7	n/62	SW2155	TNF	n	梅山猪×长白猪（M×W）
		TNUM	7	82.3～90.1/85.6	SW1122	SW147	n	哥廷根小型猪×梅山猪（Gm×M）
		TNUM	8	n/19	SY23d	SW905	n	梅山猪×长白猪（M×W）
		TNUM	8	39.5～55.4/27	QDRP	SW7	SW268	梅山猪×大白猪（M×LW）
		TNUM	8	n/73.5	SW1070	S0144	n	梅山猪，皮特兰和ERO野公猪
		TNUM	10	n/80	n	n	n	梅山猪×长白猪（M×W）
		TNUM	10	n/81.4	SWR1849	SW2000	n	梅山猪，皮特兰和ERO野公猪
		TNUM	10	67.5～101/86.3	SW1041	SW951	SW920	梅山猪×荷兰长白猪（M×D）
		TNUM	10	n/113.0	n/113.0	SW1078	SW2067	梅山猪，皮特兰和ERO野公猪
		TNUM	11	n/46	SW1632	SW151	n	梅山猪×长白猪（M×W）
		TNUM	12	n/34.5				梅山猪，皮特兰和ERO野公猪
		TNUM	12	64.7～95.8/80.2	SW874	S0106	S0090	梅山猪×荷兰长白猪（M×D）
初情期年龄	8	AGEP	1	91～119/105	n	n	n	梅山猪×长白猪（M×W）
		AGEP	7	n/1	SW0025	SW1873	n	梅山猪×长白猪（M×W）
		AGEP	7	n/58	SW2155	SWR1928	n	梅山猪×长白猪（M×W）
		AGEP	8	n/101	S0017	SW2160	n	梅山猪×长白猪（M×W）
		AGEP	8	n/136	SW2160	SW1551	n	梅山猪×长白猪（M×W）
		AGEP	8	n/172	SW790	OPN	n	梅山猪×长白猪（M×W）
		AGEP	10	115～130/125	n	n	n	梅山猪×长白猪（M×W）
		AGEP	12	n/9	S0143	SW957	n	梅山猪×长白猪（M×W）
妊娠期	1	GEST	9	122.9～139.4/13	SW174	SW1651	n	梅山猪×约克夏猪（M×Y）
血浆卵泡刺激素浓度	4	FSH	3	42.3～50.8/49	SW2527	SW2618	n	梅山猪×长白猪（M×W）
		FSH	8	11.1～12.4/1	S0098	S0353	n	梅山猪×长白猪（M×W）
		FSH	10	101～108/101	SW951	SW1626	n	梅山猪×长白猪（M×W）
		FSH	X	71.7～87.4/84	SW1426	SW1943	n	梅山猪×长白猪（M×W）

（三）基于基因组测序数据的梅山猪保种研究

潘玉春等（2016）利用简化基因组测序技术对上海市嘉定区梅山猪育种中心（嘉定）和江苏省昆山市种猪场（昆山）、以小梅山猪保种为主的江苏农林职业技术学院（句容）和太仓市种猪场（太仓）4家梅山猪保种场的

143 头梅山猪测序，获得的111 398个 SNP，对中、小梅山猪群体及 4 个保种场的 N_e、P_N、H_O 和 H_E 等计算（表 3-8）。嘉定和太仓保种场具有更高的群体有效含量。对比 P_N、H_O 和 H_E 指标，昆山保种场遗传多样性最低。嘉定猪场具有最大的多态标记比，但其观测杂合度与期望杂合度要比 2 个小梅山猪保种场群体低。相对中梅山猪，小梅山猪许多位点已趋于纯合，但未纯合位点具有更高的杂合度，并且具有更高比例的杂合子。造成这种情况有可能是因为小梅山猪种曾经历过近交系选育，而后在保种过程中又人为地防止近交。

表 3-8　中、小梅山猪及各保种场群体有效含量、多态标记比、

观测杂合度和期望杂合度

项目	中梅山猪	小梅山猪	嘉定	昆山	句容	太仓
群体有效含量（N_e）	65	57	59	52	53	50
多态标记比（P_N）	0.971	0.966	0.943	0.815	0.904	0.941
观测杂合度（H_O）	0.279	0.333	0.288	0.260	0.341	0.327
期望杂合度（H_E）	0.300	0.306	0.291	0.255	0.293	0.299

利用遗传距离（D）和群体分化系数（Fst）2 个指标探讨保种场之间的遗传分化程度与群体结构关系，结果显示（表 3-9），对于群体内遗传距离：昆山保种场最低（$D=0.206$），嘉定保种场最高（$D=0.236$）；对于群体间遗传距离：中、小梅山猪 2 种类型间遗传距离最大，中梅山猪的 2 个保种场之间的遗传距离（$D=0.273$）大于 2 个小梅山猪保种场之间的遗传距离（$D=0.239$）。对于群体分化系数：中、小梅山猪 2 种类型间遗传分化最大，中梅山猪的 2 个保种场之间的遗传分化程度（$Fst=0.127$）大于 2 个小梅山保种场之间的遗传分化（$Fst=0.055$）。

群体间遗传距离，昆山梅山猪与小梅山猪群体距离更近，这也与昆山保种场曾从太仓的引种历史相符。太仓和句容保种场群体分化不明显，可能是由于小梅山猪历史血统较窄并经历过近交，二者群体之间血缘关系紧密。但不同中梅山猪保种场群体间已经出现中等程度分化（$0.05<Fst<0.015$）。中梅山猪在后期进行保种选育过程中，可能由于不同保种场群体规模小、相互之间缺乏血缘交流，导致来自不同地方的中梅山猪群体到现在已经开始出现较大的遗传分化。

表 3-9　4个保种场群体内及群体间遗传距离和相互之间群体分化系数

遗传距离/群体分化（D/Fst）	嘉定	昆山	句容	太仓
嘉定	0.236	0.273	0.292	0.290
昆山	0.127	0.206	0.281	0.278
句容	0.153	0.165	0.212	0.239
太仓	0.142	0.148	0.055	0.219

注：主对角线为群体内遗传距离，右上三角为群体间遗传距离，左下三角为群体间遗传分化系数。

　　利用 NJ 方法分别对遗传距离和群体分化系数值构建系统进化树（图 3-1），中梅山猪 2 个保种场与小梅山猪 2 个保种场分开，中梅山猪 2 保种场之间的遗传距离与分化程度比 2 个小梅山猪保种场之间的大。同属一类群的中梅山猪或小梅山猪分场保种模式，可以通过同一类群不同保种场之间的血缘交流，扩大遗传多样性，避免近交衰退与基因漂变。

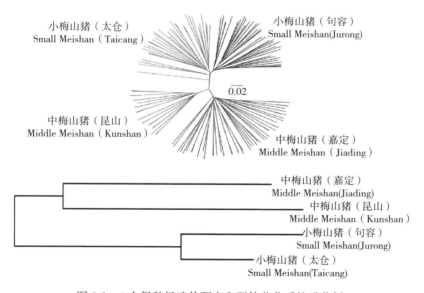

图 3-1　4 个保种场遗传距离和群体分化系统进化树

第四章
品 种 繁 育

第一节　生殖生理

一、发情与发情鉴定

（一）性成熟与适配年龄

梅山猪母猪 3 月龄即达到性成熟，比国外品种早 4 个月左右，也普遍早于国内其他一些地方品种。梅山猪母猪性成熟后虽能正常受胎、分娩，但 3 月龄母猪的性器官尚未完全发育成熟，其排卵数量、产仔数及产后仔猪的生活力等方面均不理想，不提倡过早配种。周林兴等研究发现 6 月龄梅山母猪排卵数已达 18.3 枚，与习惯上 8 月龄配种的母猪排卵数 18.53 枚相似，且其卵巢、子宫角、输卵管等性器官的发育也已接近 8 月龄母猪，体重也达 50～60 kg，故此时可以初配。

（二）发情规律

梅山猪后备母猪发情周期平均为 19.8 d，发情持续期平均为 4.35 d，发情安定时间平均为 2 d。梅山猪经产母猪断乳后的第一个发情期出现在仔猪断乳后 4～7 d，平均为 6.9 d，发情持续天数平均为 4.91 d，发情安定天数平均为 3.27 d；第二个发情期持续天数平均为 4.88 d，发情安定天数平均为 3.12 d；母猪在带乳 40～50 d 发情配种的，俗称"窝里配"。

（三）发情鉴定

梅山猪母猪的发情症状极为明显，发情初期主要表现为阴门红肿、食欲减退，少数母猪还出现鸣叫不安，在圈内来回走动，有愿意接近公猪的表现，但不接受爬跨。到了适配期，母猪呆立反应，阴门明显充血，有明显黏液流出，食欲完全停止，用手按压母猪背腰部，出现允许爬跨姿势。群众总结出 16 字口诀："母猪发呆，手按不动，阴户打皱，黏液粘草"。发情后期，母猪发情症状逐渐减弱，阴门充血和黏液减少，食欲逐步恢复且拒绝交配。由于梅山猪平时动作缓慢且性情温和，所以发情的异常动作易被发现，很容易判断是否发情。但有些使用年限较长的年老母猪发情持续时间短，表现也不明显，应特别注意观察。生产上可以根据行为观察、阴部观察和公猪试情等方法结合起来对梅山母猪的发情状况进行鉴定。

（四）不发情原因及促发情措施

造成母猪不发情的原因很多，主要与遗传缺陷、品种、饲养管理、营养状况和疾病等因素有关。①生产中由于对梅山猪留种不严格，造成一些遗传缺陷，造成母猪的不发情和繁殖障碍，如出现雌雄间体。②梅山猪是早熟品种，耐粗饲，但也要关注因营养不良造成母猪体况过瘦或长期缺乏某些与繁殖有主要关系的营养因子，如能量、蛋白质、维生素和矿物质等，使某些内分泌腺的功能出现异常，导致不发情。③体形过度肥胖也会影响发情，梅山猪在长期的饲养过程中都饲喂青绿饲料，有条件的可适当饲喂优质青绿饲料。④气温对母猪卵巢的性功能的影响较大，故生产中需要做好防暑降温工作。⑤生殖道炎症和其他疾病也可导致梅山猪母猪不发情或繁殖障碍。梅山猪产仔量高，使用年限长，胎次大于 8 胎以上还能表现较好的产仔水平，这时要注意因子宫炎症、部分黄体化和非黄体化的卵泡囊肿等造成不发情。

为使母猪达到多胎高产，促使不发情和屡配不孕的母猪正常发情排卵，可采取人工催情的措施。①生产中可采用异性诱导的方法，将试情公猪赶至不发情母猪圈舍内 2~3 h，连续 2~3 d，促使母猪在异性刺激下恢复正常发情。②断乳群养，将同期断乳后的梅山母猪小群圈养，能有效地促进母猪发情。③隔离群养，将不发情母猪统一户外隔离混群，采取人工驱赶或试情公猪混群异性刺激等措施。④母猪注射激素能促使发情，但建议慎用。

二、排卵

（一）梅山猪排卵规律

梅山猪后备母猪的排卵时间在肯接受交配后的 36～48 h；成年母猪排卵时间在肯交配后的 24～36 h。成年母猪排卵时间早于初配的后备母猪，在配种时要充分考虑这一规律。

（二）适时配种

经对梅山猪母猪各年龄段排卵测定，梅山猪一般排卵时间集中在发情安定后 24～48 h，如前所述，成年母猪比青年母猪略早些。精子在母猪生殖道内具有受精能力的时间不超过 24 h，卵子在母猪生殖道内具有受精能力的时间为 12～24 h，而精子、卵子在母猪生殖道内运行及精子获能尚需一定时间，所以梅山猪经产母猪第一次配种时间以发情后 24～30 h 为宜，隔 12 h 重复交配一次。青年母猪发情持续时间长，可适当延长配种时间，群众总结的经验是"老配早，小配晚，不老不小配中间"，一般都会取得较好配种效果和较高产仔数。规模化养猪场可上午喂前配种 1 次，下午喂前再复配 1 次；下午配种的，第二天早晨再复配 1 次。

（三）配种方式

梅山猪配种方式有自然交配和人工授精两种。自然交配俗称本交，即将适配期的发情母猪与公猪赶到配种场地直接交配。过去农户个人饲养的公猪俗称"猪郎"，当有母猪需要配种时，多数采用赶着"猪郎"上门服务，一般利用早晚时间配种。自然交配因公猪精力耗损较大，必须饲养一定量的种公猪，繁殖成本较高，也不利于发挥优良公猪的作用。

有条件的应当采用人工授精方式。人工授精即借助器械，采集种公猪精液，经品质检查、稀释等处理，再将精液输入发情母猪的生殖道使之受孕的一种配种方式。实行人工授精的优点很多：可提高种公猪的利用率，一般达 5～10 倍，不仅可以选留少而精的种公猪，节省饲养成本，而且可以充分发挥优良种公猪的作用；能够克服公母猪体格大小悬殊而不便交配的困难，有利于计划选配和开展经济杂交，便于贯彻重复交配和混合授精等先进的繁殖技术措施，有利于提高受胎率、产仔数和后代的生活力，扩大优良种公猪辐射范围；由于种公猪不直接接触母猪，可避免一些传染病的传播。

三、人工授精

（一）搞好猪人工授精的基本要求

（1）按计划配种，充分发挥优良种公猪的高产性能。

（2）加强对发情母猪的观察，及时授精，提高配种率和繁殖率。

（3）严格技术操作，提高受胎率和产仔数。

（二）采精

1. 公猪调教　一般宜用假母猪调教，有以下几种方法。

（1）调教年龄　梅山后备公猪 7～8 月龄可开始调教，有配种经验的公猪也可进行采精调教。

（2）调教方法　将成年公猪的精液、包皮部分泌物或发情母猪尿液涂在假台猪后部，将公猪引至台猪训练其爬跨，每天可调教 1 次，但每次调教时间最好不超过 15 min。还可用小母猪诱导、观摩学习等方法。调教公猪采精，应选择在冬季天气温暖和夏天天气凉爽以及公猪精力充沛的条件下进行，同时调教人员要耐心、认真操作，不失良机，力争一次成功。一次教会后，每间隔 4～5 d 再采一次精，以巩固其条件反射。

2. 采精前的准备工作

（1）采精公猪的准备　剪除公猪包皮的长毛，将公猪体表脏物冲洗干净并擦干体表水渍。

（2）采精器件的准备　采精器置于 38℃ 的恒温箱中备用。当公猪被引至采精室后，迅速取出集精杯，另外应准备好采精时清洁公猪包皮内污物的纸巾或消毒清洁的干纱布等。

（3）配制精液稀释液　配制好所需量的稀释液，置于水浴锅中预热至 35 ℃。

（4）精液质检设备的准备　调节好质检用的显微镜，开启显微镜载物台上恒温板以及预热精子密度测定仪。

（5）精液分装器件的准备　准备好精液分装器、精液瓶或袋等。

3. 采精方法　目前国内有胶管采精法和握拳采精法两种。胶管采精法更加清洁卫生，手握法采精简单易操作。

采精员一只手戴双层手套，另一只手持 37 ℃保温杯（内装一次性食品袋，杯口罩纱布）用于收集精液。用 0.1‰高锰酸钾溶液清洗公猪腹部和包皮，再用温水清洗干净，避免药物残留对精子的伤害。采精员挤出公猪包皮积尿，按摩公猪包皮，刺激公猪爬跨假台猪，待公猪爬跨假台猪并伸出阴茎，脱去外层手套，用手紧握伸出的公猪阴茎螺旋状龟头。待公猪射精时用纱布过滤收集射精中段浓份精液于保温杯内的一次性食品袋内。公猪一般排精 3～5 次，射精过程历时 5～7 min。采好精液，去除副性腺分泌物后，立刻带回实验室待检。

（三）精液检查

检查的主要项目包括采精量、颜色、气味、活力、密度和畸形率。

1. 采精量　采集精液后称重，按 1 g/mL 计，避免以量筒等测量精液体积。

2. 颜色　正常的精液是乳白色或浅灰色，精子密度越高，色泽越浓，其透明度越低。带有绿色、黄色、浅红色、红褐色等异常颜色的精液应废弃。

3. 气味　猪精液略带腥味，如有异常气味，应废弃。

4. 精子活力检查　精子活力是指呈直线运动的精子所占百分率，一般分 10 个等级，0.1～1.0。在人工授精前必须经过活力检查，合格精液的活力不低于 0.6。

5. 精子密度　取一滴过滤好的原精液置于载玻片上，盖上盖玻片进行镜检，根据精子之间的空隙大小程度来评定精液的密度。一般分密（精子所占面积大于间隙）、中（精子所占面积相当于间隙）、稀（精子所占面积小于间隙）三个等级（或通过血细胞计数器、计算机辅助精子分析系统精确检查）。

6. 精子畸形率　精子畸形率是指异常精子的百分率，一般要求畸形率不超过 18％。

（四）精液的稀释

1. 稀释精液的目的

（1）通过稀释，增加精液的营养物质，延长精液的保存时间。

（2）精液稀释后能增加精液数量。按照人工授精一定浓度和剂量要求，可增加配种母猪头数，从而提高优良种公猪的利用率。

2. 目前采用的稀释液

（1）糖-柠稀释液

特点：制作简便，成本低，精液保存效果较好。在 4～20 ℃条件下一般可保存 48～72 h，在 25℃条件下可保存 24～36 h。

配制方法：蒸馏水 100 mL，葡萄糖 5 g，柠檬酸钠 0.5 g，氨苯磺胺粉 0.3 g。

（2）葡萄糖稀释液

特点：制作最简便，成本也最低，但精子易沉淀，精液保存效果稍次于糖-柠稀释液。

配制方法：蒸馏水 100 mL，葡萄糖 5 g，氨苯磺胺粉 0.3 g。

（3）糖-柠-乙稀释液

特点：制作较简便，成本较高，保存精液的效果比上述两种好。在 9～10 ℃条件下，可保存 5～7 d。

配制方法：蒸馏水 100 mL，无水注射用葡萄糖 5 g，柠檬酸钠 0.3 g，乙二胺四乙酸二钠 0.1 g，青霉素 5 万 U，链霉素 20 万 U。

目前，市场有多种混合型精液稀释液，保存时间有短期（1～2 d）、中期（3～5 d）和长期（5～7 d）。

3. 稀释液的制备、分装、储存和运输

（1）稀释液

①按稀释液配方（或精液稀释粉），用称量纸、电子天平准确称量药品。

②按 1 000 mL、2 000 mL 剂量称量稀释粉。

③使用前 1 h 将称量好的稀释粉溶于定量的双蒸水中，可用磁力搅拌器助其溶解。

④调整稀释液 pH 至 7.2 左右，稀释液配好后应及时贴上标签，标明配制日期、时间、经手人等。

⑤稀释液置于冰箱 4 ℃保存，不超过 24 h。

（2）精液稀释

①精液采集后应尽快稀释，原精液储存不超过 30 min。

②未经品质检查或检查不合格（活力 0.7 以下）的精液不能稀释。

③稀释液与精液要求等温稀释,两者温差不超过 1 ℃,以精液温度为标准,调整稀释液温度。

④稀释时,将稀释液沿盛精液的杯(瓶)壁缓慢倒到精液中,然后轻轻摇动或用消毒玻璃棒搅拌,使之混合均匀。

⑤如做高倍稀释时,应先做低倍稀释 [1∶(1~2)],待 0.5 min 后再将余下的稀释液沿壁缓缓加入。

⑥稀释倍数的确定。要求每个输精剂量含有效精子数 20 亿个以上,一次输精 40~100 mL 确定稀释倍数。根据精液的活力、密度和授精母猪的多少决定稀释倍数。一般稀释 2~5 倍,即精液和稀释液的比例是1∶(1~4)。如果精液活力高、密度大、需授精的母猪多,就高倍稀释;反之就低倍稀释。这里要指出的是,对密度较大的精液也可以低倍稀释,而密度较小的精液则不宜高倍稀释,否则要影响受胎率和产仔数。目前,有条件的种猪场可购买正规厂家出品的精液稀释液制品,按产品说明书配制使用。

⑦稀释后静置片刻再做精子活力检查,如果稀释前后活力无太大变化,即可分装与保存,如果活力显著下降,不要使用,分析查找原因。

(3)精液分装

①调整精液分装机,根据分装瓶或袋确定剂量进行精液分装。

②在瓶或袋上标明公猪的品种、耳号、生产日期、保存有效期和生产单位等。

(4)精液储存 稀释后的精液应置于室温平衡 1~2 h,再放入 17 ℃恒温箱储存,也可用毛巾包裹精液瓶直接放入 17 ℃恒温箱。精液稀释液的保存时间根据配方时效保存,但无论用何种稀释液保存精液,都应尽快用完。对于长效保存的精液,应间隔 12 h 轻轻翻动,防止精子沉淀而死亡。

(5)精液运输 精液运输应置于保温较好的装置内,保持在 16~18 ℃,精液运输过程中注意避免强烈震动。

(五)输精

1. 输精时间 发情母猪出现静立反射后 8~12 h 进行第 1 次输精,之后间隔 8~12 h 进行第 2 次或第 3 次输精。

2. 精液检查 从 17 ℃恒温箱中取出精液,轻轻摇匀,用已灭菌的滴管取 1 滴放于预热的载玻片上,置于 37 ℃的恒温箱上片刻,用显微镜检查活力,精子活力不小于 0.6，方可使用。

3. 输精程序

①输精人员消毒清洁双手。

②将母猪阴门及其周围和尾根用 0.1%高锰酸钾溶液消毒并擦干净，以防止在输精操作过程中带入病菌，引起子宫炎等病。

③取一次性输精管，注意手不接触输精管外导管，在输精管模拟龟头上涂抹专用润滑剂。

④将输精管 45°角向上插入母猪生殖道内，当感觉有阻力时，继续缓慢旋转并前后移动，直到感觉输精管前端被锁定，子宫颈括约肌锁定输精管海绵头。缓慢推动输精管内导管，内导管前端将穿过子宫颈到达子宫。

⑤从精液贮存箱取出品质合格的精液，确认公猪品种、耳号。

⑥缓慢颠倒摇匀精液，用剪刀剪去瓶管，连接到输精管内导管，开始输精。

⑦控制输精瓶的高低调节输精时间，输精时间要求不低于 3 min。同时可通过推力刺激加速，加速输精时效。

⑧当输精瓶排空后，观察精液是否回流，对折输精管，使其滞留在生殖道内 5 min，让输精管慢慢滑落。输精剂量可控制在 40～100 mL。输精完成后，做好输精记录表，填写圈头卡，推算预产期（预产期推算可按照 3 个月 3 周又 3 天，或月份加 4、日期减 6）。

（六）注意事项

（1）在操作过程中要严格消毒。凡精液所接触到的器械和稀释液，均需事先经过严格消毒。

（2）在人工授精室内保持空气清洁，切忌抽烟等。因为一切不良气味都不利于精子的保存。

（3）加强配种后的检查，如发现母猪授精时期鉴定不正确，授精过早，则需补配 1～2 次。

（4）做好采精、配种记录工作，以便检查和总结，改进工作。

（5）为提高产仔数和妊娠率，有饲养公猪的，可将公猪赶至母猪圈，让母猪闻到公猪气味、听见公猪声音。

（6）没有饲养公猪的还可以在输精前对母猪进行仿真刺激：第一步，抓住并向上提母猪腹部（或用膝盖顶压）；第二步，抓住并向上提母猪腹股沟褶皱部；第三步，用拳头按压母猪阴户下面（也可用膝盖顶压）；第四步，按压母猪背部（或用合适的负重物放置母猪背部）；第五步，输精。

四、妊娠、分娩与接产

(一) 妊娠诊断

梅山猪配种后 96 h 左右，受精卵沿着输卵管向两侧子宫角移动，附植在子宫角的黏膜上，在它周围逐渐形成胎盘，胎盘形成过程需要 2 周。母体通过胎盘向胎儿提供营养，妊娠 26 d 时发育正常的胚胎血管丰富，已经附植于母体子宫，而发育异常的胚胎血管较少，还未附植，游离于子宫腔内。梅山猪发育正常的胚胎附植点血管粗且清晰有序，发育异常的胚胎附植点血管短且杂乱无章。张高英等发现，妊娠 50 d 时，梅山猪胚胎虽然小于同期试验的大白猪，但梅山猪子宫内膜发红，血管明显比大白猪丰富。胎重的增长特点是前期慢，中期快，后期更快。梅山猪妊娠期平均为 114 d（112～115 d），妊娠 1～90 d 胎儿重 550 g，而最后 24 d 增长迅速，小梅山猪胎儿体重为 800～1 000 g（个别异常除外），而中梅山猪胎儿体重可达到 1 100 g 左右。

母猪妊娠后，其性器官和全身的生理状况发生一系列的变化，可作为妊娠诊断的依据，一般可从以下三点观察。

（1）观察性周期表现　母猪的发情周期一般为 21 d，若配种后经过一个发情周期没有发情的表现，就可初步认定已经妊娠。要注意的是，一些疾病因素会导致母猪虽未妊娠，但不返情。

（2）观察阴户变化　健康的母猪配种后，正常情况下如出现阴户下联合处逐渐收缩紧闭，且明显向上翘，说明已经妊娠。而发情母猪阴户会出现一系列红肿等特征变化。

（3）观察行为和体态的变化　母猪配种后，如果表现疲倦、贪睡、食量逐渐增加、易上膘、性情温驯、行动稳重，就可初步认定妊娠；妊娠 50 d 后，侧面观察母猪，其腹部容积变大，凸出明显；妊娠 90 d 后，母猪侧卧可看到腹部皮肤明显的胎动。

母猪的妊娠诊断还可通过公猪试情法、注射激素法、尿检法和超声波诊断法等方法，其中超声波妊娠诊断仪可直接对母猪腹部进行扫描，观察胚泡液或胎动的变化，还可诊断胚胎数量和胚胎发育情况，可实现早期妊娠诊断。现市场常见的便携式超声波诊断仪探头扫描深度和成像即能够满足妊娠诊断需要，操作简单、快捷、准确。

（二）分娩与接产

1. 产前准备　梅山猪母猪分娩前应做好相应的准备工作。

（1）产房的准备　母猪分娩前5～7 d就应准备好产房，对产房要彻底清洗消毒（传统产房要对地面和墙面彻底消毒，准备好干草），舍内能够控温，有必要的保温设备。

（2）分娩用具的准备　洁净的毛巾若干，剪刀，5％碘酊，凡士林，电子秤及耳号钳，分娩记录表、卡等。

（3）母猪的准备　进入产房前，清除母猪体表尤其是腹部、乳房、阴户周围污物。

2. 分娩预兆　梅山猪母猪临产症状有食欲减退、卧立不安，乳房肿胀明显，最后一对乳头呈八字形，能够挤出初乳，有的甚至自动流出乳汁。母猪频频排尿，阴部流出稀薄黏液。母猪侧卧，四肢伸直，阵缩时间逐渐缩短，呼吸急促，表明即将分娩。传统产床模式，梅山猪母猪衔草做窝的现象明显。当出现此类预兆，一定要安排专人看护，做好接产准备工作。

3. 接产与助产　梅山猪母猪正常分娩所需时间2～4 h，产仔间隔时间与产仔数存在一定联系，产仔数越少间隔时间越长。当母猪羊水破后，第1头仔猪露出母猪阴门，产仔已经开始。当仔猪产出后，用洁净的干毛巾擦去仔猪口中和全身黏液，以防止窒息和影响仔猪呼吸，并减少体表水分，避免仔猪感冒。当有仔猪出生后胎衣仍未破裂，甚至后期随胎盘一同排出的仔猪，接产人员应马上撕破胎衣，以免仔猪窒息死亡。

部分仔猪已产出而脐带尚留在产道内时，需用一只手固定住脐带基部，另一只手捏住脐带慢慢从产道内拽出。断脐带时把脐带内血液挤向脐带基部，长度以脐带不拖地为准，剪断脐带，脐带断面用5％的碘酒消毒，移至恒温箱内。对于出现"假死"的仔猪，接产人员首先清除口中的黏液，然后倒提仔猪后脚，用轻拍仔猪胸、肋部的方法救活仔猪。母猪胎盘排出后，应做复原检查。

产仔完毕后，接产人员要将仔猪逐一称重、打耳号、清点乳头数等。最后清理现场，清掉污物，接产结束。

第二节　种猪选择与培育

一、种猪的饲养管理

（一）种公猪

俗话说：母猪好，好一窝；公猪好，好一坡。种公猪的好坏，对整个猪群影响较大；高质量的公猪是高繁殖力的保障，尤其是用于人工授精的公猪影响面更广。因此要提高公猪的配种能力，提升公猪的精液质量，对种公猪进行良好的饲养管理。养好公猪的标准是使其有强健的体质、充沛的精力和旺盛的性欲，有密度高、活力好、品质好的精子，具有良好的配种能力和不胖不瘦的种用体况。

1. 公猪的饲养

（1）生殖生理特点

①交配时间长，体力消耗大　一般公猪交配时间为 5～10 min，长的可达 20 min 以上，比其他家畜交配时间长很多。因此，公猪交配时体力消耗较大。

②每次配种射精量大　在正常饲养管理条件下，成年公猪 1 次射精量平均为 250 mL（一般为 150～500 mL），高的可达 900 mL，这大大高于其他家畜。

③精液中蛋白质的含量高　精液中水分占 97.0%，粗蛋白质占 1.2%～2.0%，脂肪占 0.2%，矿物质占 0.92%，其他占 1% 左右，其中粗蛋白质占干物质的 60% 以上，因此特别要满足其对蛋白质的需要。

（2）加强营养　饲养种公猪要求有丰富、全价、平衡的营养配合，公猪在配种时会消耗较多的体力和营养储存。为了保证公猪的体质健康、性欲旺盛和生产数量多、质量高的精液，必须有合理的营养水平（表 4-1）。公猪精液中干物质的主要成分是蛋白质，所以，必须给予足够的氨基酸平衡的动物性蛋白质，在配种高峰期可适当补充鸡蛋、矿物质和多种维生素。另外，对维生素 A、维生素 E、钙、磷、硒等营养要求较高，饲喂锌、碘、钴、锰对精液品质有明显提高。江苏农林职业技术学院梅山猪保种中心在饲喂公猪日粮定量上，还根据配种任务（采精频率）和膘情灵活定量（七八成膘）。

表 4-1　梅山猪公猪饲料营养水平和日粮定量

（陈建生，2014，中国梅山猪）

项目	配合饲料营养价值 消化能（MJ/kg）	粗蛋白质（%）	粗纤维（%）	每头猪日粮定量（kg）
非配种期	12.55	14	6	2.2
配种期	12.97	16	6	2.7

　　（3）单圈饲养　公猪必须单独饲养在清洁、干燥、阳光充足、空气新鲜、温度适宜（18～25 ℃）的圈舍环境中。梅山猪性早熟，公猪在 3 月龄左右就开始单圈饲养，以减少公猪间相互爬跨造成自淫和生殖器的损伤，同时可节省饲料，促进膘情。公猪有好斗性，若多头公猪混养易相互争咬，造成伤害；与母猪混养要么改变性情，失去雄威，要么过早爬跨，造成无序受胎。单圈饲养还可根据膘情及时调整饲喂量，使之保持良好的种用体况。同时母猪舍应远离公猪舍，以免母猪气味、叫声等挑逗公猪。

　　（4）科学饲养　公猪的饲养管理分为配种期和非配种期，配种期饲料的营养水平和饲料喂量均高于非配种期。在配种前 20～30 d 增加 20%～30% 的饲料量，同时加喂鱼粉、鸡蛋、多种维生素和青饲料，使公猪在配种期内保持旺盛的性欲和良好的精液品质，提高受胎率和产仔数。配种季节过后逐渐降低营养水平。而对于常年均衡产仔的猪场，公猪常年配种使用，应按配种期的营养水平和饲喂量饲养。

　　（5）合理饲喂　公猪饲喂尽量做到定时、定量（夏季除外），每次不要喂太饱（八九成饱），每天喂 2～3 次，喂料量为 2～3 kg；全天 24 h 供给清洁的饮水。以精饲料为主，适当搭配青饲料，尽量少用糖类饲料，保持中等腹部，避免造成垂腹。公猪保持八九成膘情。在满足公猪生理营养需要的前提下，应重视公猪品种、体况和配种能力的适当控制，不能过肥，过于肥胖的体况会使公猪性欲下降，还会发生肢蹄病；也不能过瘦，过瘦可能是因为生病导致食欲下降，营养摄入不够，或长期不使用导致性情不安、食欲下降等，都会降低其配种能力。

　　2. 公猪的管理　公猪除应单圈饲养在清洁、干燥、阳光充足、空气新鲜、温度适宜（18～25 ℃）的生活环境中以外，还必须从管理上做好以下工作。

　　（1）建立正常管理制度　公猪的饲喂、采精及配种、运动、刷拭等各项作业都应在大体固定的时间内进行，利用条件反射养成规律的生活习惯，便于管理操作。主张人猪"亲和",严禁以粗暴的态度对待公猪,以防造成恶癖。平时要管理好公猪,防止自淫,关好圈门,经常检查,杜绝偷配和公猪咬架等现象发生。

(2)运动 公猪在配种期要适度运动,非配种期和配种准备期要加强运动,合理的运动可以促进食欲、增强体质、避免肥胖、提高性欲和精液品质。运动不足会使公猪贪睡、肥胖、性欲低、四肢软弱且多发肢蹄病,影响配种效果,所以每天应坚持运动公猪。公猪除在运动场自由运动外,每天还应进行驱赶运动,上、下午各 1 次,每次行程 2 km。夏季可在早晚凉爽时进行,冬季可在中午运动 1 次,每天至少保持 1～2 h 的运动量,配种繁忙时可以酌情减少。若没有专门牧道运动,可建环形封闭运动场,进行驱赶运动。公猪运动不足,会缩短种用年限,一般只能利用 2 年左右。尤其是对于地方猪保种场来说,一般建议世代间隔在 2.5 年(或以上),控制不当引起种公猪断代,造成不必要的配种计划的调整,甚至保种资源流失。

(3)刷拭、修蹄 平时要坚持使用刷子刷拭猪体,夏天结合淋浴冲凉,可保持皮肤清洁卫生,增强皮肤的血液循环,促进新陈代谢,少患或预防皮肤病和外寄生虫病。种公猪每天用硬毛刷刷拭 1～2 次,这也是饲养员调教公猪的机会,使公猪温顺,听从管教,便于采精和辅助配种。要经常注意公猪蹄肢健康情况,对不良的蹄形进行修整。

(4)定期称重 根据体重变化情况检查饲料是否适当,以便及时调整日粮,以防过肥或过瘦。成年公猪应维持体重相对稳定,幼龄公猪的体重应逐渐增加。生产上,一般通过观察膘情目测体重变化。

(5)经常检查精液品质 种公猪无论是本交还是人工授精,都要定期检查精液品质,特别是在配种准备期和配种期,最好每 10 d 检查 1 次。应根据精液品质的变化,及时调整营养、运动和利用三者之间的平衡。要特别注意高温季节精液品质的动态变化,适当增加检查次数,以便及时调整饲养管理。

(6)防寒防暑 公猪适宜的温度为 18～25 ℃。冬季猪舍要防寒保温,以减少饲料的消耗和疾病发生。在寒冷的冬季应适当加垫干稻草,有条件的场可安装空调或热水设备。夏季高温对公猪的影响尤为重要,轻者食欲下降、性欲降低,重者精液品质下降,甚至会中暑死亡,所以在夏季要做好防暑降温。防暑降温的措施有湿帘、风扇通风、洒水、洗澡、遮阳等方法,各地可因地制宜进行操作。短暂的高温可导致长时间的不育。另外，刚配过种的公母猪严禁用凉水冲身。

3. 公猪的合理利用

（1）初配年龄和体重　梅山猪公猪性成熟较早，一般在 6 月龄，但此时身体尚在生长发育，不宜配种使用。一般在性成熟后 2 个月左右可开始配种，要求体重达到成年体重的 70%～80%。生产中常有过早配种的现象，但由于性成熟初期交配能力不好，精液质量差，母猪受胎率低，且对自身性器官发育产生不良影响，会缩短使用寿命。若过迟配种，则延长非生产时间，增加成本，另外会造成公猪性情不安，影响正常发育，甚至造成恶癖。在生产中，小型梅山猪公猪一般在 10～12 月龄，体重达 75 kg 以上时开始配种；中型梅山猪公猪一般在 12～14 月龄、体重达到 100 kg 以上开始配种。

（2）利用强度

①配种比例　本交时公母性别比为 1：（20～30）；人工授精理论上可达 1：300，实际按 1：100 配备。

②配种时间　夏季宜早、晚，上午 7 时前、下午 6 时后；冬季宜上午 8～9 时、下午 4～5 时。

③配种频率　初配公猪经训练调教后一般一周采精 1 次，12 月龄后，每周可增加至 2 次，成年后每周 2～3 次。本交的青年公猪每周配 2～3 次；2 岁以上公猪生殖功能旺盛，可每天配种 1 次，每周休息 1 d。

④公猪利用年限　公猪繁殖停止期为 10～15 岁，一般使用 6～8 年，以青壮年 2～4 岁最佳。生产中种公猪的使用年限一般控制在 2～3 年。保种场应保证每头种公猪都有适当数量的子代公猪，保障血缘的延续性。

4. 后备公猪的培育

（1）后备公猪的选择

①身体健康、无遗传疾病　选留种用的后备公猪要选发育正常、精神活泼、健康无病的个体，来自无任何遗传疾患的家系（包括公、母系群体）。

②具有品种特征的体型外貌　选留种用的后备猪应具有梅山猪的品种特征，如体型较大，毛呈浅黑色、较稀，皮肤微紫或浅黑，躯干和四肢皮肤松弛，面部有深的皱纹，耳大下垂，四脚有白毛，腿较短等。后备公猪还应有发育良好的外生殖器官，如睾丸对称、大而松紧适度，性欲旺盛，射精量大、精液品质良好等。

③生长发育或育肥性状良好　后备公猪应选择日增重高、饲料利用率高的个体。

④体况良好　后备公猪的选择应在 6 月龄用仪器测其背膘和眼肌面积，选背膘薄、眼肌面积大的个体，且要从体质好的如瘦肉率高、屠宰率高、肉品质好的家系中选择。

⑤血缘保障　对于梅山猪保种场，除上述要求外，还应保障家系血缘，确保每一头公猪都至少有一个后代。

（2）后备公猪的管理　要做好以下几项工作。

①保证营养需要　满足各阶段生长的营养需要，保证足够的消化能和粗蛋白质含量（表 4-2）。

表 4-2　梅山猪后备公猪饲料营养水平和日粮定量

（陈建生，2014，中国梅山猪）

项目	配合饲料营养价值 消化能（MJ/kg）	粗蛋白质（%）	粗纤维（%）	每头猪日粮定量 （kg）
后备公猪	12.6	16	6	2～2.5

②做好公猪的调教　后备公猪应从小加强调教管理，建立人与猪的亲和关系。后备公猪一般在 6～8 月龄开始进行采精调教，每次调教时间不超过 15 min；调教时选用与公猪体型基本相等的假母猪，如果公猪不爬跨假母猪，就应将公猪赶回圈内，第 2 天再进行调教；对于不易调教的公猪，选择发情稳定的经产母猪进行调教。

③保证舒适的生长环境　后备公猪的猪舍应温暖、干燥、清洁卫生、空气新鲜；夏季做好防暑降温，冬季做好防寒保暖工作。另外，梅山猪性成熟较早，在达到性成熟后会烦躁不安，经常相互爬跨，不好好吃食，生长迟缓，所以在性成熟后最好单圈饲养，合理运动，以保持正常食欲，增强体质。

（二）后备母猪

1. 后备母猪的饲养

（1）营养需要　在培育后备母猪时，要保障日粮中能量和蛋白质的水平和合适的比例（表 4-3），重视矿物质、维生素和必需氨基酸的补充，一般采用前高后低的营养水平。并根据后备母猪不同的生长发育阶段及时调整饲料的营养水平，确保稳定的体重增长，保证有足够的体脂储备。

表 4-3　梅山猪后备母猪饲料营养水平和日粮定量

(陈建生，2014，中国梅山猪)

项目	配合饲料营养价值 消化能（MJ/kg）	粗蛋白质（%）	粗纤维（%）	每头猪日粮定量 （kg）
后备母猪	12.76	15	6	1.75～2.25

夏季饲养可在后备母猪的日粮中适量添加维生素 C、维生素 H 等预防热应激，有条件的猪场可给后备母猪喂些青饲料，促进其生长发育。

（2）合理喂养　后备母猪一般在 4 月龄前可自由采食，4 月龄后最好采用限量或分餐饲喂，这样既可保证后备母猪良好的生长发育，又可控制体重的高速度增长，保证各器官系统的充分发育。在达到配种月龄（7～8 月龄）时，膘情控制在八成即可。后备母猪在配种前 2 周提高饲养水平，实行短期优饲，可使后备母猪排卵数达到最大，从而提高头胎产仔数。

2. 后备母猪的管理

（1）及时分群　4 月龄左右对挑选出的后备母猪可转入后备猪舍饲养。为了使后备母猪生长发育均匀、整体一致，应按体重大小分成小群饲养，每圈 4～8 头。饲养密度要适当，一般每头猪 1.5～2.2 m²。

（2）加强运动　为了保证后备母猪筋骨发达，体质健壮，四肢灵活坚实，防止过肥，每天让后备母猪在运动场运动 10～30 min。

（3）调教　梅山猪生性温顺，若从小加强调教管理，比较容易建立人和猪的亲和关系。从仔猪开始，利用称重、喂食、扫圈时间，进行触摸和口令训练，使猪愿意接近人，切勿惊吓、鞭打猪只，以便将来配种、接产、哺乳等操作管理。其次是训练猪养成定点排粪、躺卧、定时采食、运动等良好的生活规律，有利于猪的发育。

（4）保持舒适的环境　后备母猪的猪舍应温暖、干燥、清洁卫生、空气新鲜；夏季做好防暑降温，冬季做好防寒保暖工作。

3. 后备母猪的配种　梅山猪性成熟早，小母猪出生后 85 日龄可发情，7 月龄即可配种。一般第一次发情不宜配种，因第一次发情配种受胎率低、产仔数少，第二次或第三次发情配种较为适宜，因为随着性成熟及发情次数增加，排卵数相应增加，不但受胎率提高，且产仔数增加。在一个情期内，应实行重复配种，可间隔 8～12 h 复配一次。为保证后备母猪适时发情，可采用调圈、合圈、成年公猪刺激等方法刺激后备母猪。对于接近或接触公猪

3～4周后，仍未发情的后备母猪，要采取强烈刺激，如将3～5头难配母猪集中到一个留有明显气味的公猪栏内，禁食24 h、每天赶进一头公猪（有人看护）刺激母猪发情，必要时可用药物（包括激素）刺激；若连续3个情期不发情则淘汰。

4. 后备母猪的培育　仔猪育成阶段结束到初次配种前是后备猪的培育阶段，培育后备母猪的任务是获得身体健康、结实、发育良好、具有品种典型特征和高度种用价值的种猪。为了使养殖场中猪群保持较高的生产水平，每年必须选留和培育出占种母猪群30%的后备母猪，以补充和更新年老体弱、繁殖性能差的种母猪，使种母猪群保持以青壮年种母猪为主体的结构比例。培育品质优良的后备母猪是养猪生产的基础工作，后备母猪的优劣决定种母猪质量，影响养殖场较长时间的经济效益。

后备母猪的选留重点在3个时期：断乳前后、25～50 kg和配种前后。

（1）出生时窝选　梅山猪后备母猪窝选时主要看其父母和同胞情况。要求父系生产成绩优良；母系繁殖性能稳定，同窝产仔数高，产活仔率高；同胞中公猪所占比重低。另外，个别出生体重过低、乳头数少的仔猪不留作种用。

（2）断乳时选留　梅山猪仔猪一般在30～40日龄断乳，此时的选留主要是窝选。在出生窝选的基础上，从其母猪母性强、产仔数多、哺育率高、断乳窝重大，且同窝仔猪生长发育整齐的窝中选留发育良好的个体。

（3）引种与选留　25～50 kg的小母猪是梅山猪选留后备猪的关键时期，本场选留或外面引种主要在此时进行。要求生长良好，体态丰满，线条流畅，被毛光滑，头颈清秀，肥瘦适度，且必须有一定的腹围，体格健壮，骨骼匀称，四肢及蹄部健壮结实，尤其后肢要强健有力，尾高且粗，行走平稳。30 d断乳称重后，严格按照梅山猪体型外貌选育，以保持品种的纯度。梅山猪选留标准：体型较大，毛呈浅黑色、较稀，皮肤微紫或浅黑，躯干和四肢的皮肤松弛，面部有深的皱纹，耳大下垂，胸深且窄，腹部下垂，腰线下凹，斜尻，大腿欠丰满，四脚有白毛，腿较短；乳房发育良好，乳头在8～9对，排列整齐匀称，疏密适中，无乳头缺陷；阴门发育良好，不能过小过紧，应选择阴门较大且松弛下垂的个体。

（4）6月龄选留　后备母猪在6月龄时各组织器官已经有了相当的发育，其优缺点更加明显，此时根据体型外貌、生长发育、性成熟表现、背腰薄厚和体尺等性状，进行严格选留，淘汰量比较大。

（5）配种前选留　配种前后对后备母猪做最后一次选留，淘汰那些性器官发育不良、有繁殖疾患及其他疾病的个体，以及个别发情周期不规则、发情症状不明显的后备母猪，淘汰屡配不孕的母猪。

（6）配种后选留　头胎母猪选留主要是在后备母猪选留基础上看其繁殖力的高低。对产仔数少的应予淘汰；对产乳能力差、断乳时窝仔少和不均匀的应予淘汰。

二胎以上母猪的选择主要是对产仔数较少（少于 10 头）、哺育率低（哺育期死亡率高、仔猪发育不整齐）的应予淘汰。此时该种猪已有后代，对其后代生长发育不佳的母猪应予淘汰。

对于地方猪保种场来说，在选留过程中，还应注意从品种保护方面做到以下两点：第一，保障血缘的传递性，每一头公猪有一个后代，每一头母猪也必须有个后代，即"父传子，母传女"；第二，留种过程中除遗传缺陷等因素外，尽量不做经济性状选择，留种后代中选择"中等"水平的作为保种后备群。

二、种猪等级评定

（一）种猪必备条件

种猪必备条件如下：

①具备体型外貌品种特征；②睾丸、阴户发育正常，乳头 8 对以上，无瞎乳头和副乳头，两排乳头间距适中；③无遗传疾患，健康状况良好；④来源和血缘清楚，系谱资料齐全。

（二）种猪评定标准

种猪按 2 月龄、6 月龄、12 月龄、24 月龄四个阶段分级评定，采用百分制对各阶段的每个评定项目给予评分，各项目得分数之和为该种猪相应阶段所得总分，各阶段种猪分级以总分为依据（详见附录）。合格种猪分为三级，分级标准为：①一级 90 分及以上；②二级 76～89 分；③三级 60～75 分。

第三节　种猪性能测定

生产性能测定是猪育种中不可缺少的最基本的工作。通过科学、系统、规范化测定，可以为猪个体遗传评估、估计遗传参数、评定群体生产水平、改善饲养管理、制定经营管理措施、猪群开发利用等提供主要信息。

一、测定原则

1. 测定性状　尽量根据经济价值、生物学特性，以及遗传价值来确定性状。猪的外形性状、数量性状、生化性能乃至分子标记性状数不胜数，不可以盲目地、简单地追求过多的性状，重点应从实现性状改良目标着手。

2. 测定方法　无论采用哪一种方法，均要求所获得的数据具有足够的精确性和广泛的适用性。这样既可以达到科学性，又能具有可比性，同时，广泛运用还可以降低测定成本，提高经济效益。

3. 测定次数　根据重复力确定。一般而言，至少测定 3 次。

4. 测定期限　对于育种群而言，每世代都应该按照育种要求所需测定的目标性状进行测定，同时对于特定试验可根据研究需要确定。

二、猪的繁殖性能

1. 初产日龄　母猪头胎产仔时的日龄。

2. 产仔间隔　两次产仔之间的间隔天数。

3. 总产仔数　母猪一窝所生的全部仔猪数，包括死胎、产后即死胎和木乃伊胎数。

4. 产活仔数　产仔后 24 h 内存活的仔猪数。

5. 断乳仔猪数　断乳时一窝中存活的仔猪数。

6. 初生窝重　仔猪初生时，一窝仔猪的总重量。

7. 断乳窝重　断乳时一窝仔猪的总重量。

8. 每头母猪每年所能提供的断乳仔猪头数（PSY）　计算方法为：

$$PSY＝母猪年产胎次×母猪平均窝产活仔数×哺乳仔猪成活率$$

9. 每年每头母猪出栏育肥猪头数（MSY）　计算方法为：

$$MSY＝PSY×育肥猪成活率$$

10. 每年每头母猪产仔窝数，又称胎指数（LFY）　计算方法为：

$$LFY=（365-NPD）/（妊娠期+哺乳期）$$

式中，NPD 为非生产天数。

三、生长性能

1. 一定体重的日龄

$$达 75 \text{ kg } 日龄=结束日龄-\frac{结束体重-75 \text{ kg}}{日增重（g）}×1\,000$$

2. 平均日增重　可用恒定体重范围的平均日增重（ADG_w）或恒定时间内平均日增重（ADG_t）。ADG_w 是指参加测定的猪必须达到固定的体重才能入试。ADG_t 是指在规定的时间（测定猪何时入试、何时结束）测定的结果。入试时间一般定为断乳日龄。ADG_w 和 ADG_t 统称为 ADG。

$$ADG=\frac{W_f-W_b}{t_f-t_b}$$

式中，t_f 为结束测定时日龄，t_b 为测定开始时日龄，W_f 为测定结束时体重，W_b 为测定开始时体重。

四、胴体性状

1. 宰前活重　宰前空腹 24 h 用秤称取，单位为 kg。

2. 胴体重　在猪放血、煺毛后，用秤称取去掉头、蹄、尾和内脏（保留板油和肾）的胴体重量，单位为 kg。去头部位在耳根后缘及下颌第一条自然褶皱处，经枕寰关节垂直切下。前蹄的去蹄部位在腕掌关节，后蹄在跗关节。去尾部位在尾根紧贴肛门处。

3. 平均背膘厚　将右边胴体倒挂，用游标卡尺测量胴体背中线肩部最厚处、最后肋、腰荐接合处三点的脂肪厚度，以平均值表示，单位为 mm。

4. 皮厚　将右边胴体倒挂，用游标卡尺测量胴体背中线第 6～7 肋处皮肤的厚度，单位为 mm。

5. 眼肌面积　在左边胴体最后肋处垂直切断背最长肌，用硫酸纸覆盖于横截面上，用深色笔沿眼肌边缘画轮廓，用求积仪求出面积，单位为 cm²。

6. 胴体长　将右边胴体倒挂，用皮尺测量胴体耻骨联合前沿至第一颈椎前沿的直线长度，单位为 cm。

7. 皮率、骨率、肥肉率、瘦肉率　将左边胴体皮、骨、肥肉、瘦肉剥离，剥离时，肌间脂肪算作瘦肉不另剔除，皮肌算作肥肉不另剔除，软骨和肌腱算作瘦肉，骨上的瘦肉应剥离干净。剥离过程中的损失不高于 2%。将皮、骨、肥肉和瘦肉分别称重，各部分重量占总重的百分率即为该部分的比例。

五、肉质特性

1. 肌肉 pH　宰后 45 min 肌肉的 pH（pH_1），是反映肌肉糖原酵解速度和强度的最重要指标。国际上通常都以猪宰后腰段背最长肌 pH_1 为 5.6 作为判定正常肉和异常肉的分界标准，凡低于 5.6 者判为劣质的 PSE 肉（惨白、柔软、渗水）。

2. 肌肉颜色　肌肉颜色是肌红蛋白是否呈氧合肌红蛋白（鲜红色）的重要外部表征，并与肌肉的物理学和微生物学变化有关。目前，我国大部分采用美国的 5 分制标准肉色图于宰后 45 min 内直观评定眼肌颜色，3 分最好，1 分和 5 分最差（前者判为 PSE 肉，后者判为 DFD 肉——干燥、坚实、暗红色）。

3. 肌肉失水率　我国是采用重量压力法测定一定面积、一定厚度肉样加压后失去水分重量的百分率，称失水率，用以间接反映肌肉系水率。肌肉失水率越高，系水率越低。肌肉系水率是猪宰后肌肉蛋白质结构和电荷变化的极敏感指标，直接影响肌肉的加工和贮存损失，具有重要的经济意义。

4. 肌肉熟肉率　这是衡量肌肉在加热过程中蛋白质变性凝固所失去水分重量的程度，也是消费者十分关心的一个实用指标。具体做法是：取臀肌一块称重后放入沸水锅中煮 45 min 后挂起晾干 30 min 再称重，两次称重之差除以煮前重，再乘 100% 即为熟肉率。

5. 肌肉大理石纹　肌肉大理石纹是表征眼肌内可见脂肪的分布和含量的一个很形象化的指标。适度的肌肉脂肪含量可使熟肉具有嫩度感和多汁感。目前，我国大多数单位采用美国的 5 分制大理石纹标准图进行眼肌直观评分。3 分最好，1 分和 5 分最差。

6. 肌纤维数　在显微镜一定视野内或放大倍数的情况下，肌纤维数越多，表明肌肉结构越致密，肌纤维越细，烹饪后口感越细嫩。

7. 肌纤维直径　肌肉细嫩的重要指标，并与肌纤维数相辅相成，是表示肌肉结构致密的指标之一。

8. 肌纤维间距和肌束间距　肌肉组织中在肌纤维间和肌束间都有一定间隙，这里除结缔组织外，也是贮存脂肪的场所。适度的脂肪沉积，可使肌肉细嫩多汁，但间隙过大，会使肌肉疏松或者脂肪沉积过多，使猪肉口感过分油腻。肌纤维间隙和肌束间距的大小，是取腰段眼肌切片，经染色后在显微镜450倍视野下用测微尺测量所得。

9. 肌肉蛋白质含量　肌肉内除含70%左右水分外，主要含蛋白质，这是肌肉营养优劣的主要指标。

10. 肌肉粗脂肪含量　肌肉中含适度粗脂肪，是表示肌肉细嫩和多汁的主要指标，并且脂肪酸又是肌肉风味的物质基础之一，因此粗脂肪又是肌肉风味的重要指标。

第四节　选配方法

一、选育方法的演变

梅山猪以前属于太湖猪的一个地方类群，其选育具有悠久历史。从相关农书上来看，多为"选"的技术而少有"育"的技术。选择猪种时，主要从外部特征来判断猪的优劣，即"相猪"。通过对猪种的体质、外形的观察来判断其生产性能，在浙江省嘉兴一带有"好种出好猪，劣种出劣仔""母猪好坏看三代，母猪本身性能看三胎""公看前胸，母看后腚"等选种俗语，且都倾向于选择乳头多、后躯宽广的高产母猪留种。明朝时已有"母猪一胎可育仔十四头"的历史记载。上海市金山、松江一带农民比较重视猪种生长快等肉用性能，也有"头大颈子细，越看越生气""腿短长腰身，赛过真黄金""前开会吃，后开会长""勤吃傻睡长大膘"等选种俗语。明清时这种相猪技术已发展到炉火纯青的地步，不仅从静止的体型外貌上，而且还从行为特点和机能形态上进行选择。这种根据猪的外形判断其生产性能的方法是一种简单易行又可靠的方式，在一定程度上表现出来的规律性是合乎科学原理的。结合近代遗传学的研究，太湖猪种各类群的体质外貌、胴体品质、生长速度等的遗传能力都比较高，通过选育，对遗传力较高的一些性状都取得了预期的效果，与传统的相猪技术得出的结果一致。但以耐粗饲、高繁殖力著称的太湖猪在料肉比性能方面略逊一筹，主要由于科学育种技术发展相对落后，猪所吃饲料品质差、营养不均衡，选种没有统一的计划和目标，主观和偏爱在选种时占很大比重，没有客观标准，多是无意识地长期的自然交配和区域隔绝，因而造成太湖流域各地方品种间体型多态、个体性能差异较大的格局。

　　新中国成立后，党和人民政府重视优良地方畜禽品种资源的保存和提高，太湖猪被列为全国重点保存的优良猪种之一。20世纪60—70年代，产区各地组织力量进行品种资源普查，并先后建立农村保种基地和县、乡级种猪场，如上海市嘉定、金山、松江等县种猪场，开展了系祖建系法的选育工作，在选育方法上又开始重视生产性能的选择，因而品种均匀度和各项生产性能都有了较大的提高。

　　20世纪70年代中期开始，太湖猪产区的部分种猪场采用了更适合地方猪种选育特点的群体继代选育法。有些开展系祖建系法的种猪场，也吸取了群体继代选育法的某些特点，如一年一世代加快遗传改进速度，实行多父本交配以防止选育群近交系数上升过快等。群体继代选育法的使用有力地加快了太湖猪选育工作的进程。

　　80年代中期，为配合国家"中国瘦肉猪新品种培育"研究课题的开展，江苏、上海、浙江的有关单位，开展了以太湖猪为母本的杂交育种工作，在选育方法上以群体继代选育为基础，又改进了选择方法，即采用个体生产性能测定和同胞性能测定相结合的选育方法，以提高选育的精确度。

　　1986年开始，为拯救为数很少的优良类群小梅山猪，从群体血缘较近的现实出发，采用了近交系选育，以进一步提高其纯度和某些生产技能，强化杂种优势效果。这为保种和选育相结合的选育方法探索出一条新途径。

二、选育方法

　　20世纪50年代后期，太湖流域不少县都先后建立了县、乡级种猪场，上海市还建立了种猪性能测定站，为太湖猪的选育提高创造了良好的条件。在选育方法上，从古老的体质外形"相猪"法逐步改进演变，到70年代后，一些重点种猪场因地制宜，基本采用五种选育法：系祖建系法、群体继代选育法、系祖建系和群体选育相结合的选育法、近交系选育法和新品系选育法。种猪场每年也开展良种登记，有效地提高了太湖猪的生产性能。目前，各猪场或公司普遍采用的新品系建系方法有：系祖建系法、近交建系法和群体继代选育法。

（一）系祖建系法

1. 选择系祖　作为建系的系祖必须具有独特稳定遗传的优点，同时在其他方面还符合选育群的基本要求。为能准确地选择优秀的种公猪为系祖，最好运用后裔测定，确认它能将优良性状稳定地传给后代，且无不良基因。

2. 合理选配　为了使系祖的特点能在后代巩固和发展，在选配时采用同质选配，甚至有时可连续采用高度近交。

3. 加强选择　要巩固优良的系祖类型，需要加强系祖后代的选择和培育，选择最优秀的个体作为继承者，继承者最好选择公猪，以迅速扩大系祖的影响。

系祖建系法实质上就是选择和培育系祖及其继承者，同时进行合理的选配，以巩固优良性状并使之成为群体特点的过程。该方法简单易行，群体规模小，性状容易固定。

（二）近交建系法

1. 建立基础群　基础群的公猪不宜过多，公猪间力求是同质的并有一定的亲缘关系，最好是经后裔测定证明的优秀个体。母猪数越多越好，且应来自经生产性能测定的同一家系。

2. 高度近交　利用亲子、全同胞或半同胞交配，使优秀性状的基因迅速纯合，以达到建系目的。当出现近交衰退现象，应暂时停止高度近交。

3. 合理选择　选择时不宜过分强调生活力，最初几个世代强化选择，往往因杂合子生活力强而中选，那将导致杂合子频率增高而不利于纯化。

近交系一般是指近交系数在 37.5％ 以上的品系，有的国家甚至还规定可达 50％。

（三）群体继代选育法

1. 基础群建立　基础群建立，就是按照建系目标，把品系所需的基因汇集在基础群中。基础群的建立方法有两种：一种是单性状选择，即选出某一突出性状表现好的所有个体构成基础群；另一种是多性状选择，但不强调个体的每一个性状都优良，即对群体而言是多性状选留，而对个体只针对单性状。基础群应有一定数量的个体，如果基础群的数量少，除了降低选择强度，还会使近交系数上升，导致群体衰退。

2. 闭锁繁育　在基础群建立后，必须对猪群进行闭锁繁育，即在以后的世代中不能引入其他外血，所有后备猪都应从基础群后代中选择。闭锁后，一定会产生一定程度的近交，为避免高度近交，一般以大群闭锁为好，使近交程度缓慢上升。

3. 严格选留　对基础群后代要进行严格的选择，选种中要适当考虑各家系留种率。选择标准和选择方法每代相同，鉴于此，称之为继代选育法。由于建系过程中选择目标始终一致，这样就使基因频率朝着一个方向递增。

群体继代选育法由于从基础群开始采用闭锁群内随机交配，近交系数上升缓慢，遗传基础丰富，对继代种畜的选留比较容易，所以培育成功率高于其他建系法。

第五节　提高繁殖成活率的途径与技术措施

张似青等以纯种梅山猪 25 年的研究资料为基础，首次对梅山猪进行总体遗传结构的分析，用数量遗传学原理计算该品种的繁殖现状，结果显示梅山猪繁殖性能呈历年下降趋势，原因不一。因此，应当重视和坚持采用提高梅山母猪繁殖力的措施。

1. 合理调整母猪群体年龄结构　年龄结构对母猪群体繁殖力的影响很大，尤其表现在对排卵数的影响上，可见对母猪及时选留与淘汰十分重要。后备母猪的选留应符合育种计划规定的个体选择条件，还要加强培育，使之发育良好，保持良好的繁殖体况，但不宜使用肥猪料饲喂，否则会导致身体过肥、产仔少、生长速度过快等问题。

2. 掌握初配年龄适时配种　要掌握适宜的初配年龄，母猪第一次发情或公猪第一次爬跨配种基本不受胎，因而后备母猪初配年龄应不低于 8 月龄，体重应在 50 kg 以上，在第二次或第三次发情期配种较好。过早配种会影响产仔。

3. 实施早期断乳缩短哺乳期　一般经产母猪在产仔后 21～28 d 断乳较为合适，此时断乳，对母猪发情和下一窝仔猪数影响较小，对仔猪的不良刺激也较小。青年母猪的断乳时间以 35 日龄左右为好，据日本饲养梅山猪的资料，仔猪的哺乳期为 35 d。

4. 促使母猪发情排卵措施　饲养青年母猪，希望早发情、多排卵，可以采取以下措施：

（1）公猪刺激　每天让成年公猪在待配母猪栏内追逐母猪 10～20 min，既可以起到刺激作用，又可起到试配作用。

（2）加强运动　人为驱赶运动，可增加青年母猪卵巢内血流量，提高雌激素的分泌，促进母猪早发情。

（3）注射激素　发现母猪发情后 12～24 h，肌内注射促排卵素 3 号 25 mL，可促使卵泡增加，早成熟，早排卵，提高配种率和产仔率。

5. 保持猪舍适宜温度　产仔性能下降不仅仅是遗传因素，环境因素所占比重也较大，如季节对繁殖性能的影响程度可达到 1 头仔猪以上。特别是猪舍温度与母猪繁育有很大关系。一般后备母猪的适宜温度为 17～20 ℃，妊娠母猪的适宜温度为 11～15 ℃，这是因为高温会引起母猪体温升高，而子宫温度高不利于受精卵的发育和胚胎附植，导致胚胎死亡率高，产仔数少。因此，夏、秋高温季节必须采取降温措施，使舍内温度不超过 21 ℃。

6. 避免近交　研究表明，梅山猪家系近交系数增加的趋势是繁殖性能下降的一个主要因素，目前梅山猪群体的近交已不容忽视，建议在周边区域寻找优秀公猪，补充家系来源。

第五章
营养需要与常用饲料

梅山猪的消化器官和消化功能具有食粗性、喜青饲料、耐低营养水平且增重慢的特性。由于高繁殖力、同胎仔猪数多、仔猪初生重小、母猪泌乳性能好，因而具有哺乳期失重较多、断乳后复膘迅速等特点。因此，在种猪、后备猪的饲养管理和仔猪培育上，需要采取一系列相应的技术措施。

第一节　营养需求

一、消化代谢特点

梅山猪的耐粗性表现为食粗性、抗饥饿能力强和耐低营养水平日粮等方面。太湖猪育种委员会针对太湖猪（包括梅山猪）的营养需要，提出了相应的参考标准。

二、种公猪的营养需要

种公猪的营养需要取决于其体重和配种情况。随着人工授精的普及，种公猪的常年配种制度已代替了季节性配种制度，因此，饲养标准中不分期别，只需在配种前一个月，饲养标准提高 20%～25%。冬季严寒期，饲养标准再提高 10%～20%。成年梅山公猪的平均体重以 150 kg 计算，日需要能量为维持能量的 1.34 倍，配种期又在日需要能量的基础上再增加 20%～25%。

$$维持需要消化能（MJ/d）=0.418\,6W^{0.75}=17.94$$

$$日需要消化能（MJ/d）=17.94×1.34=20.04$$

$$配种期需要消化能（MJ/d）=20.04×1.2=28.85$$

种公猪的饲粮按每千克消化能（DE）12.55MJ，粗蛋白质（CP）16%计。在配种任务繁重时，可适当提高饲粮中的粗蛋白质水平。

三、种母猪的营养需要

1. 妊娠母猪的营养需要　根据上海市农业科学院畜牧兽医研究所对枫泾母猪进行连续 3 胎的观察资料（1980）显示，梅山母猪可参照：第一胎在妊娠全期采用同一标准，第二、三胎则分为妊娠前期（1～84 d）和妊娠后期（84d 以后），给料量前低后高，冬季补加御寒需要，各胎不同营养水平妊娠期的营养需要，分别按前、后期和全期的日获消化能，并按下列公式计算维持和增重以及每千克增重所需消化能。

$$维持需要 DE（MJ/d）＝0.376\ 7W^{0.75}$$

$$增重需要 DE（MJ/d）＝日获 DE－维持 DE$$

$$每千克增重需 DE（MJ）＝增重 DE（MJ/d）/日增重（kg）$$

冬季御寒补加量：根据饲养试验结果分析，母猪在冬季需保持一定的体温，所需维持需要应比夏季高，若以夏季维持需要 DE 为 $0.376\ 7W^{0.75}$ kg，冬季母猪维持需要 DE 应为 $（0.460\ 5～0.502\ 3）W^{0.75}$ kg 方能满足御寒需要，或者说，需要在一般定量标准基础上增加 15%～20% 的能量方能满足冬季御寒之需。

2. 哺乳母猪的营养需要　哺乳母猪的能量需要是由维持需要加泌乳需要构成。泌乳需要取决于乳量和乳质，产乳需要量加维持需要，与日粮所提供的能通过体质增耗加以调节，达到三者的平衡。若维持需要 DE 按 $0.576\ 7W^{0.75}$ kg 计算，梅山母猪的能量需要可参考以下参数：

每产 1 kg 乳需生产 DE 6.907MJ；母猪失重 1 kg 可节省 DE 21.14MJ；哺乳母猪带仔 1 头需生产 DE 3.977～4.395MJ。

上海市农业科学院畜牧兽医研究所马康才等（1984）报道，梅山猪在第二、三胎以不同蛋白质水平的日粮连续两胎饲养试验，妊娠期使用含 CP 12% 日粮、哺乳期使用 CP 14% 日粮，可获得正常的繁殖成绩和生产效果。

四、后备猪的营养需要

1. 能量需要　按维持＋增重计算，维持需要能量的计算公式如下：

$$维持需要 DE（MJ）＝（0.523\ 25±0.146\ 5）W^{0.75}$$

增重部分能量需要的计算公式如下：

$$Y=（3.687+0.052\ 24X）\times4.186$$

式中，Y 为每千克增重所需的 DE（MJ）；X 为后备猪的体重（kg）。

需要指出的是，近些年来，由于瘦肉型猪的推广和规模化、集约化养猪业的发展，母猪饲养、仔猪培育的营养水平前所未有的提高，加强后备猪的培育和早配利用势在必行，后备猪培育期的日增重已得到较大提高。

2. 各阶段饲粮的能量浓度与粗蛋白质水平　安排顺序是从高到低，前期与仔猪相连接，后期接近妊娠母猪。前、中期和后期每千克饲粮 DE 分别为 12.55MJ 和 12.14MJ，前、中、后期 CP 分别为 16%、14%、13%。

3. 后备猪与生长肉猪营养需要的区别　在理论上两者没有本质区别，生产中后备猪应在中、后期通过适当控制营养，拉大骨架，限制其生长速度，防止过肥对繁殖带来不良影响。

五、仔猪的营养需要

仔猪的营养需要包括维持需要加增重的生产需要。以 60 kg 体重为基点，系数为 0.502 3，即在 60 kg 时，每千克代谢体重的维持需要 DE 为 0.502 3 MJ，每减少 1 kg 活重，系数增加 0.003 14。因此，维持需要 DE 的公式为：

$$维持需要\ DE（MJ）=代谢体重\times系数$$
$$20\ kg\ 活重维持需要\ DE（MJ）=0.627\ 9W^{0.75}$$
$$10\ kg\ 活重维持需要\ DE（MJ）=0.659\ 3W^{0.75}$$
$$10\ kg\ 活重以下维持需要\ DE（MJ）=0.669\ 8W^{0.75}$$

仔猪的能量需要量可通过其吮乳量、耗料量测定，同时对所哺育仔猪定期称重，根据窝平均吮乳量和耗料量计算 DE 采食量，除以平均每窝全期增重，即得每千克增重所需能量。

六、梅山猪饲养标准

猪的饲养标准是根据不同的品种类型、不同的生理阶段以及日龄、生产用途与生产水平等方面，结合营养需要，科学地规定饲料中能量、蛋白质、矿物质、维生素等的需要量。

太湖猪育种委员会 1980 年 11 月 30 日制定了《太湖猪饲养标准试行草案》。随着梅山猪养殖的发展，1998 年上海市嘉定区种猪场、上海市畜牧兽医站共同起草了《上海市地方标准·梅山猪》（DB 31/T 18—1998）。2009 年江苏农林职业技术学院起草了江苏省地方标准《小梅山猪》（DB 32/T 1393—2009）、《小梅山猪养殖技术规程》（DB 32/T 1394—2009），2012 年江苏农林职业技术学院、江苏省畜牧总站共同起草了江苏省地方标准《种猪繁育技术档案规范》（DB32/T 2282—2012）。这些标准的制定对梅山猪的保护与开发利用起到了积极的作用，并按相关标准制定了梅山猪的饲养标准实行草案。

第二节　常用饲料与日粮

猪是杂食动物，有发达的臼齿、切齿和犬齿。胃是肉食动物的简单胃与反刍动物的复杂胃之间的类型，既具有草食动物的特征，又具备肉食动物的特点。此外，猪具有坚强的鼻吻，嘴筒突出有力，吻突发达，能有力地掘食地下块根、块茎饲料。因此，采食的饲料种类多、来源广泛，能充分利用各种动植物和矿物质饲料。饲料为猪提供生长发育、繁殖、生产所需要的营养物质和能量，是发展养猪产业的物质基础。生产中，饲料成本占总成本的 70% 左右。因此，科学合理地生产和利用好饲料，努力提高饲料转化率，既关系到猪只生产潜力的发挥，也关系到猪场经济效益的最大化。为了给不同生产阶段的猪配制营养物质均衡且经济适用的饲料，必须熟悉猪常用饲料的营养特点和饲用特性等。

为了应用方便，结合国际饲料命名和分类原则及我国惯用的分类法，将饲料分为八大类，猪常用饲料主要有能量饲料、蛋白质饲料、矿物质饲料、维生素饲料和饲料添加剂，另外，粗饲料、青绿饲料也可在猪某一阶段日粮中进行适量喂给。

一、粗饲料

粗饲料是指在饲料天然水分含量在 45% 以下，干物质中粗纤维含量大于或等于 18% 的一类饲料。该类饲料包括干草类、农副产品类（农作物的荚、蔓、藤、壳、秸、秧等）、树叶类、糟渣类。

1. 秕壳　秕壳是指农作物种子脱粒或清理种子时的残余副产品，包括种子的外壳和颖片等，如砻糠（即稻谷壳）、麦壳，也包括二类糠麸如统糠、米糠、三七糠和糠饼等。

2. 荚壳　荚壳类饲料是指豆科作物种子的外皮、荚皮，主要有大豆荚皮、蚕豆荚皮、豌豆荚皮和绿豆荚皮等。与秕壳类饲料相比，此类饲料的粗蛋白质含量和营养价值相对较高。

3. 藤蔓　主要包括甘薯藤、冬瓜藤、南瓜藤、西瓜藤、黄瓜藤等藤蔓类植物的茎叶。其中，甘薯藤是常用的藤蔓饲料，具有相对较高的营养价值，可用作猪饲料。

二、青绿饲料

此类饲料含叶绿素丰富，包括很多种类，如牧草（天然、人工）、蔬菜、作物茎叶、树叶、水生植物等。

1. 牧草

（1）天然牧草　我国主要有禾本科牧草芦苇、羊胡子草、黑麦草等；豆科牧草苜蓿等；菊科牧草野艾、苦蒿等；莎草科牧草莎草等。

（2）人工牧草　主要是豆科和禾本科植物。豆科主要有苜蓿、三叶草、紫云英、苕子等；禾本科主要有苏丹草、象草及一些禾本科作物。

2. 青饲（刈）作物　指利用农田栽培的农作物或饲料作物，在其结实前或结实期收割作为青绿饲料利用的饲料，常见的有青刈玉米。

3. 蔬菜类饲料　蔬菜是人类的食品，但也可大面积栽培作为家畜的优质青绿饲料。动物除了可利用蔬菜类饲料中人类可食用的部分外，还可利用人类不能利用的部分。此类饲料包括叶菜类，以及根茎类和瓜类的茎叶，如甘蓝、白菜、油菜、竹叶菜、甜菜茎叶、牛皮菜、甘薯藤、胡萝卜茎叶、南瓜叶等。

4. 水生饲料　水生饲料一般是指"三水一萍"，即水浮莲（水莲花、水白菜等）、水葫芦（凤眼莲、小荷花、水绣花等）、水花生（水苋菜、喜旱莲子草等）与绿萍（红萍、满江红等）。这类饲料具有生长快、产量高、不占耕地和利用时间长等优点。

5. 树叶及其他　树叶中我国目前利用较多的是松针叶，农村较常用的是槐树叶。其他饲料主要是野生饲料。

三、能量饲料

猪常用的能量饲料主要有加工副产品、块根、块茎及瓜果饲料以及油脂和糖蜜。

1. 谷实类子实　主要有玉米、小麦、大麦、高粱等。

2. 加工副产品　主要有糠麸类和糟渣类。

3. 块根、块茎及瓜果饲料　常见的块根、块茎及瓜果饲料有甘薯、木薯、马铃薯、胡萝卜、饲用甜菜及南瓜等。

4. 油脂和糖蜜　糖蜜是制糖业的主要副产品之一，其主要成分是糖。油脂是能量含量最高的饲料，其能值为淀粉或谷实饲料的 3 倍左右。

四、蛋白质饲料

常见的蛋白质饲料主要有植物性蛋白质饲料、动物性蛋白质饲料等。

1. 植物性蛋白质饲料　主要有豆类子实、饼粕类等。

2. 动物性蛋白质饲料　主要有鱼粉、肉粉、蚕蛹、乳产品、水解蛋白质，及其他动物产品如蚯蚓等。

五、矿物质饲料

1. 补充钠　食盐、碳酸氢钠、硫酸钠等。

2. 钙、磷类补充料　石粉、碳酸钙、轻质碳酸钙、磷酸氢钙、磷酸二氢钙等。

六、饲料添加剂

饲料添加剂常分为营养性添加剂和非营养性添加剂。

1. 营养性添加剂　主要包括合成氨基酸、矿物质微量元素盐类、维生素等。

2. 非营养性添加剂　主要有抗生素及具有抗菌作用的其他物质，如酶、激素、抗氧化剂、调味剂、保健剂、色素、乳化剂、黏结剂、抗结块剂、防腐剂等。

第三节　梅山猪典型日粮配方

根据国家畜禽（梅山猪）遗传资源保种场（江苏农林职业技术学院）多年来的养殖实践经验和大量的试验对比分析，在满足各阶段梅山猪营养需要和不影响梅山猪正常生产性能的基础上，充分考虑到梅山猪耐粗饲和耐低营养水平等因素，结合青绿饲料补饲保种场制定了各阶段猪群的参考日粮配方，详见表 5-1。

表 5-1 江苏农林职业技术学院小型梅山猪育种中心参考日粮配方

类别	种公猪	空怀母猪	泌乳母猪	保育猪	育肥前期（后备）	育肥后期
玉米（%）	65	56	60	65	65	65
麸皮（%）	4	16	8	5	8	8
米糠（%）	4	15	8	7	10	10
豆粕（%）	14	4	10	12	7	5
菜籽饼（%）	8	5	5	4	6	8
鱼粉（%）				4	2	
碳酸氢钙（%）	1					
预混料（%）	4	4	4	4	4	4
干物质（%）	87.08	87.01	86.22	86.1	86.93	86.95
粗蛋白质（%）	15.671	12.809	15.725	14.994	13.343	13.197
粗脂肪（%）	4.014	5.561	4.752	4.414	4.879	4.989
粗纤维（%）	3.25	3.949	3.24	2.968	3.363	3.489
无氮浸出物（%）	56.323	57.398	54.879	56.62	58.441	58.347
粗灰分（%）	2.822	3.293	3.624	3.104	2.904	2.928
钙（%）	0.112 2	0.081 6	0.323 1	0.203	0.086 6	0.092
总磷（%）	0.431 7	0.585 3	0.587	0.497 2	0.492 4	0.499 4
总消化能（MJ/kg）	12.965 1	12.516 1	12.760 5	12.951	12.934 7	12.912 1

第六章
饲养管理技术

第一节　分娩前后母猪的饲养管理

一、分娩前的准备

分娩前的准备主要包括产房的准备、器具的准备及母猪的处理。

1. 产房的准备　准备的重点是保温与消毒，空栏 1 周后进猪。产房要求干燥（相对湿度 60%～75%）、保温（15～20 ℃），阳光充足，空气新鲜。

2. 器具的准备　产前应准备好高锰酸钾、碘酒、干净毛巾、照明用灯，冬季还应准备仔猪保温箱、红外线灯或电热板等。

3. 母猪的处理　产仔前 1 周将妊娠母猪赶入产房，上产床前将母猪全身冲洗干净，驱除体内外寄生虫，这样可保证产床的清洁卫生，减少初生仔猪的疾病。产前要将猪的腹部、乳房及阴门附近的污物清除，然后用 2%～5% 来苏儿溶液消毒，清洗擦干。

4. 临产征兆　梅山猪临产前，行动不安，起卧不定，食欲减退，衔草作窝，乳房膨胀、具有光泽且能挤出乳汁，频频排尿，阴门红肿下垂，尾根两侧出现凹陷，此时需要做好接产准备工作。

二、接产

梅山母猪分娩的持续时间为 2～4 h，平均为 2.5 h，出生间隔一般为 15～20 min。产仔间隔越长，仔猪就越弱，早期死亡的危险性也越大。对于有难产史的母猪，要进行特别护理。母猪分娩时一般不需要帮助，但出现烦躁、极度紧张、产仔间隔超过 45 min 等情况时，就要考虑人工助产。

（一）接产技术

（1）临产前应让母猪躺下，用 0.1% 的高锰酸钾水溶液擦洗乳房及外阴部。

（2）"三擦一破"，即用手指将仔猪口、鼻的黏液掏出并擦净，再用抹布将全身黏液擦净，撕破胎衣。

（3）断脐，先将脐带内的血液向仔猪腹部方向挤压，然后在距离腹部 4 cm 处用细线结扎（以脐带不拖地为准），然后将外端剪断，断处用碘酒消毒，若断脐时流血过多，可捏住断头，直到不出血为止。

（4）应将仔猪置于保温箱内（冬季尤为重要），箱内温度控制在 32～35 ℃。

（5）确保仔猪及时吃上初乳，对于产程较长的母猪，可采用边产边哺乳方式，有助于加快母猪的产仔速度。

（6）做好产仔记录，种猪场应在仔猪出生 24 h 之内进行个体称重，并剪耳号。种猪场在仔猪出生后要给每头猪进行编号，通常与称重同时进行。常见的编号方法有耳缺法、刺号法和耳标法。

（二）假死仔猪的急救

出生后不呼吸但心脏仍然在跳动的仔猪称为假死仔猪，必须立即采取措施使其呼吸才能成活。

（1）人工呼吸法，即将仔猪的四肢朝上，一手托着肩部，另一手托着臀部，然后双手一曲一伸反复进行，直到仔猪叫出声为止。

（2）在鼻部涂乙醇等刺激物或用针刺。

（3）拍胸拍背法，即用左手倒提仔猪两条后腿，右手轻拍仔猪胸部和背部。

（4）捋脐带法，即尽快擦净仔猪口鼻内的黏液，将头部稍高置于软垫草上，在脐带 20～30 cm 处剪断；术者一手捏紧脐带末端，另一手自脐带末端捋动，每秒 1 次，反复进行不得间断，直至救活。一般情况下，捋 30 次时假死仔猪会出现深呼吸，40 次时仔猪发出叫声，60 次左右仔猪可正常呼吸。特殊情况下，要捋脐带 120 次左右，假死仔猪方能救活。

（三）助产技术

难产主要是由于母猪过肥或过瘦、胎儿过大、近亲繁殖、长期缺乏运动、产房嘈杂使母猪神经紧张、母猪先天性发育不全等原因造成。

进行人工助产的工作人员要将指甲磨光，先用肥皂洗净手及手臂，再用2%来苏儿或0.1%高锰酸钾将手及手臂消毒，涂上凡士林或油类；将手指捏成锥形，顺着产道徐徐伸入，触及胎儿后，根据胎儿进入产道部位，抓住两后肢或头部将小猪拉出。若出现胎儿横位，应将头部推回子宫，抓住两后肢缓缓拉出；若胎儿过大，母猪骨盆狭窄，拉小猪时，一要与母猪努责同步，二要摇动小猪，慢慢拉动。助产过程中，动作必须轻缓，注意不可伤及产道、子宫，待胎儿胎盘全部产出后，在产道局部抹上青霉素粉或肌内注射青霉素，防止母猪感染。

三、分娩前后的护理

（1）临产前5~7 d应按日粮的10%~20%，减少精饲料，并调配容积较大而带轻泻性饲料，可防止便秘，如麸皮；但对体况差、乳少或无乳的母猪，则应加强饲养，增喂动物性饲料或催乳药等。

（2）分娩前10~12 h最好不再喂料，但应满足饮水，天气寒冷时需用温水。

（3）母猪产仔后第1天基本不喂，仅补充热麸皮盐水等；第2天视食欲逐步增加喂量，但不应喂得过饱，且饲料要易消化；1周后恢复正常，日喂3~4次，喂量达5 kg/d以上。在母猪增料阶段，应注意母猪乳房的变化和仔猪的粪便。主要是观察粪便，看是否便秘；观察外阴及乳房，看有无子宫炎、乳腺炎或其他病症。若食欲下降，应及时查找原因，尽快改善。对缺乏食欲的猪要对症治疗，并给予助消化的药品。

（4）在分娩时和泌乳早期，饲喂抗生素能减少母猪子宫炎和分娩后短时间内缺乳症的发生。

四、母猪生产瘫痪的处理

梅山母猪产后易发生后躯知觉丧失，不能站立或四肢瘫痪，但无外表损伤，似"产后瘫痪症"，大都发生在产后3 d内，个别在分娩过程中或分娩前数小时发病，其原因或是血钙过少和血糖过少，以及钙、磷平衡失调，或是分娩时闭孔神经及髋关节受到损伤引发。可在饲料中添加钙剂或发病后静脉注射葡萄糖酸钙进行治疗。

第二节　仔猪的培育

仔猪的生长发育可分为哺乳和断乳两个阶段。仔猪阶段是生长发育最快、饲料利用率最高的阶段，要加强对仔猪的饲养管理，提高其增重和成活率。梅山猪由于产仔数多，初生重偏小，母猪性情温顺，好静喜卧，因而在仔猪培育中形成了一些特殊的培育技术。

一、哺乳仔猪的生理特点

（一）调节体温功能不完善，体内能源储备有限

新生仔猪大脑皮质发育不全，不能协调进行化学调节；被毛稀疏，皮下脂肪少，脂肪还不到体重的 1%，体内的能源储备也很有限，每 100 mL 血液中血糖含量是 100 mg，血糖水平下降量取决于环境温度和初乳摄入的多少。所以，尽早吃到初乳和加强仔猪保温是养好仔猪的重要措施之一。

（二）消化器官不发达，消化功能不完善

初生仔猪消化器官相对质量和容积均较小，胃的质量为 4～8 g，容积为 30～40 mL，以后随日龄的增长而迅速扩大。初生仔猪胃液中仅有足够的凝乳酶，而唾液和胃蛋白酶很少，同时，初生仔猪胃底腺不发达，不能分泌盐酸，胃内缺乏游离的盐酸，胃蛋白酶原没有活性，不能消化蛋白质，特别是植物性蛋白质。非乳蛋白质直到 14 日龄后才能有限地被消化，到 40 日龄时，胃蛋白酶才表现出对乳汁以外的多种饲料的消化能力。故初生仔猪只能吃乳而不能利用植物性饲料，14 日龄后可适当补充植物性饲料。仔猪出生 24 h 内，肠道上皮处于原始状态，对蛋白质有可渗透性，特别是对乳蛋白吸收率可达 100%。

（三）缺乏先天免疫力，抵抗疾病能力差

免疫抗体是一种大分子 γ 球蛋白，胚胎期由于母体血管与胎儿脐带血管之间被 6～7 层组织隔开，限制了母体抗体通过血液向胎儿转移。因而仔猪出生时没有先天免疫力，自身也不能产生抗体。仔猪出生 10 日龄以后才开始自身产生抗体，直到 30～35 日龄前数量还很少。因此，3 周龄以内是免疫球蛋白

青黄不接的阶段，此时胃液内又缺乏游离盐酸，对随饲料、饮水等进入胃内的病原微生物没有消灭和抑制作用，因而造成仔猪容易患消化道疾病。仔猪吸食初乳后，可不经转化直接被吸收到血液中，使仔猪血清中γ球蛋白水平很快提高，免疫力迅速增加，肠壁的渗透作用随肠道的发育而改变，36 h 后明显降低。此外，开始时的初乳中含有胰蛋白酶抑制剂，能使抗体蛋白不被分解，所以必须保证初生仔猪尽快吃到初乳。

（四）生长发育迅速，新陈代谢旺盛

初生仔猪体重小，一般初生体重为 1 kg 左右，仅为成年体重的 1‰，小于其他家畜。10 日龄时体重达初生重的 2 倍以上，30 日龄达 5～6 倍，60 日龄达 10～13 倍。仔猪初生后生长发育迅速，是以旺盛的物质代谢为基础的。一般生后 20 d 的仔猪，每千克体重每天要沉积蛋白质 9～14 g，相当于成年猪的 30～35 倍；仔猪每千克体重所需代谢净能是成年母猪的 3 倍，矿物质代谢也高于成年猪，每千克增重中含钙 7～9 g、磷 4～5 g。因此，对仔猪必须保证各种营养物质的供应。

（五）容易缺铁

铁是血红蛋白、肌红蛋白的组成成分，刚出生的仔猪体内含铁 30～50 mg，而每天必须有 7～16 mg 铁的储备才能维持正常的血红蛋白水平。仔猪在 10 日龄内，完全靠母乳供给所有的养分，由于每千克母乳中含铁仅 1 mg，仔猪增重 1 kg 约需 21 mg 铁，从母乳中能获得 4 mg 铁，还缺 17 mg 铁需要补充，因此出生后要注意及时给仔猪补铁，否则会导致仔猪缺铁性贫血，表现为皮肤苍白、生长缓慢、易发生贫血性腹泻，严重者会导致死亡。

二、哺乳仔猪的饲养

（一）保证初乳的摄入

初乳对初生仔猪十分重要，能够提供丰富的营养物质，使仔猪获得免疫抗体，增强适应能力；初乳中蛋白质含量高，且含有轻泻作用的镁盐，能促进胎便的排出；初乳酸度较高，可弥补初生仔猪消化道不发达和消化腺功能不完善的缺陷，还有利于仔猪消化道活动。因此，要使仔猪尽快吃到初乳，最迟不超过出生后 2 h，且量要吃足，每头仔猪吃乳 40～60 g；若做乳前免疫，最少要在 1 h 后才能吃初乳。

（二）哺乳仔猪的补料

要养好哺乳仔猪，除了让仔猪吃足初乳外，还要注意抓好补料关，以提高断乳重。

1. 补铁　初生仔猪体内铁的储存量很少，约 50 mg（个体间差异很大），每天需要约 7 mg 铁，母乳中含铁量很少，仔猪每天从母乳中最多可获得 1 mg 铁。因此，仔猪体内储存的铁很快就会耗尽，如得不到补充，早者 3～4 日龄、晚者 8～9 日龄便可出现缺铁性小红细胞贫血症（血红蛋白水平降低，并伴有皮肤和黏膜苍白，被毛粗乱，轻度腹泻，生长停滞，严重者死亡）。补铁方法有以下几种：

（1）口服铁铜合剂补饲法　生后 3 日龄起，把 2.5 g 硫酸亚铁和 1 g 硫酸铜溶于 1 000 mL 水中配制而成。滴于母猪乳头上令仔猪吸食，也可用奶瓶直接滴喂，每天 1～2 次，每头每天约 10 mL。

（2）肌内注射补铁　如注射右旋糖酐铁，3.3 mL/头，颈侧肌内分点注射或 3 日龄注射 1～2 mL，7 日龄再注射 2 mL。

（3）舔剂法　生后 5 d，补饲骨粉、食盐、炭末、红土，拌上铁铜合剂，任仔猪自由采食。

2. 补铜　铜与体内正常的造血作用和神经细胞、骨骼、结缔组织及毛发的正常发育有关。缺乏铜同样会发生贫血。但在通常情况下不易缺乏。在生产中，高剂量铜可作为生长促进剂。使用高剂量铜要注意以下问题：①补饲不能过量，过量会引起中毒。生长猪对铜的需要量仅为每千克饲料 4～6 mg，高剂量铜添加不得超过每千克饲料 250 mg，一般添加量 125～250 mg/kg。②饲粮中的锌、铁与铜有拮抗作用。③所用铜的形态，一般认为硫酸铜最好，其他的铜盐也可，不同化合物效果不同，主要与其溶解度不同有关。

3. 补硒　仔猪缺硒可能发生缺硒性腹泻、肝坏死和白肌病，仔猪宜于出生后 3 d 内注射 0.1% 的亚硒酸钠和维生素 E 合剂，每头 0.5 mL，10 日龄补第二针。

4. 补水　哺乳仔猪生长迅速，代谢旺盛，母猪乳汁的含脂率高，所需水量较大。2～3 日龄内补水，水中可添加 0.8% 盐酸、抗生素或电解质、多种维生素，水要经常更换，保持新鲜、卫生。

5. 补料　仔猪的补料可分为调教期、适应期和旺食期。

（1）调教期　是指从开始训练仔猪认料到仔猪能认料的时期。一般需要 1 周左右。这时仔猪的消化器官处于快速生长发育阶段，消化功能不完善，母乳基本能满足仔猪的营养需要，但仔猪开始长牙，四处活动，啃咬异物。因此，训练时每天数次把仔猪赶入放有香甜可口的干粉料、炒熟炒香的颗粒料的补料间内，并安置饮水槽，让其自由采食。此外，根据仔猪具有好奇、模仿和争食的特性，采取母带崽、大带小的办法，让仔猪跟随母猪或已能吃料的仔猪学吃料，也较有效。

（2）适应期　是从仔猪认料到能正式吃料的过程。一般需 10 d 左右，从仔猪出生后 15 日龄至 1 月龄。补料的目的在于供给部分营养物质并使仔猪能适应植物性饲料，为旺食期奠定基础。由于仔猪对母乳还有很大的依赖性，故训练先让仔猪吃料，然后再吃乳。饲料应尽量香甜可口，保证营养的全价性，每天适当增加饲喂次数或自由采食。

（3）旺食期　是从仔猪正式吃料到断乳的一段时间。这阶段仔猪能大量采食和消化植物性饲料。

三、哺乳仔猪的管理

（一）做好接产护理

（1）母猪产仔时饲养员必须在场，按常规对仔猪进行合理护理；清洗母猪乳头，挤掉母猪最初几滴初乳后再让仔猪吃乳。

（2）仔猪生后 6 h，通常脐带会自动脱落，弱仔时间会长些。如果仔猪脐带流血，要在脐带距身体 2.5 cm 处系上线绳以便止血。另外，也可采取断脐措施，通常留下 4～5 cm 并系紧，涂 2%的碘酒消毒。

（二）加强保温

仔猪调节体温的能力差，怕冷，糖原和脂肪等能源储备有限，一般在24 h 之内就要消耗殆尽，对低血糖极其敏感。仔猪的适宜温度因日龄长短而异，生后 1～3 日龄为 30～32 ℃，4～7 日龄为 28～30 ℃，15～30 日龄为 22～25 ℃，2～3 月龄为 22 ℃。同时要求温度稳定，最忌忽高忽低和骤然变化。

1. 设保温设施　在产栏一角设置仔猪保温箱，有木制、水泥制和玻璃钢制等多种。保温箱长 100 cm、高 60 cm、宽 60 cm，箱的上盖有 1/3～1/2 为活动的，方便随时观察仔猪，在箱的一侧靠地面处留一个高 3 cm、宽 20 cm 的小门，供仔猪自由出入。热源为红外线灯，150～250 W，离地 40～50 cm；白炽灯，60～100 W；安置保温板，温度控制在 36～38 ℃。

2. 产房大环境的防寒保温　保持产房清洁卫生、干燥，防贼风，加铺垫草，屋架下铺塑料布等，使产房环境温度最好保持在 22～23 ℃（哺乳母猪最适合的温度）。

3. 避免寒冷季节产仔　可采用 3～5 月及 9～10 月产仔制。

（三）固定乳头

仔猪天生有固定乳头吮乳的习惯，开始几次吸食某个乳头，一经认定就不会改变。为使全窝仔猪生长发育均匀健壮，提高成活率，应在仔猪生后 2～3 d 进行人工辅助固定乳头；固定乳头以自选为主，人工控制为辅。梅山猪母性温顺，泌乳量大，一般情况下不需要固定乳头，若有弱仔可使用此方法，固定时弱小仔猪在前部乳头处吮乳，个体大的在后部乳头吮乳。为了识别所固定乳头位置，可以用甲紫作记号。

（四）防止挤压

1. 发生挤压的原因主要有三方面　①初生仔猪体质较弱，行动迟缓，对复杂的环境不适应，容易被母猪踩压致伤死亡。②母猪产后疲劳，或因母猪肢蹄有病疼痛，起卧不方便，也有个别母猪母性差，不会哺育仔猪造成压踩仔猪。③产房环境不良、管理不善造成压踩仔猪。

2. 防止挤压可采取如下措施　①设母猪限位架（栏）或产床，从而限制母猪大范围的运动和躺卧方式，以防运动或起卧不当压死仔猪。限位栏杆长为 2.0～2.2 m，宽为 60～65 cm，高为 90～100 cm。②设置保育箱，使仔猪有专用的活动空间。③保持环境安静，避免惊动母猪。④加强管理，产房要有人看管，夜间要值班，一旦发现仔猪被压，立即轰起母猪，救出仔猪。

（五）寄养

在母猪产仔过多或无力哺乳自己所生的部分或全部仔猪时，应将这些仔猪移给其他母猪喂养。梅山猪母性好，对于寄养仔猪较能接受。仔猪寄养的原则如下：

（1）下寄原则　出生早的往出生晚的窝中寄出，寄大不寄小。

（2）一致原则　寄出的仔猪要与代养猪中仔猪个体重、大小基本一致，两窝产期接近，最好为 3～4 d，且寄养仔猪要吃上初乳。

（3）适当原则　代养母猪所带仔猪头数要适当，要选择泌乳量高、性情温顺、哺育性能强的母猪负担寄养任务。

（4）混圈合喂　寄养时，把寄入的仔猪用代养母猪的胎衣、羊水或碘酒擦涂一下；用代养母猪的乳汁喷涂寄养仔猪；也可用少量的乙醇喷在代养母猪鼻端和仔猪身上，使它不能通过气味来分辨寄入仔猪。

（5）饿乳涨乳　把寄养仔猪和原有仔猪放在一起，延后喂乳，使两窝仔猪气味相近，此时母猪的乳房已膨胀，仔猪也感饥饿，再放出哺乳，寄养仔猪和代养母猪较易相互接受。

（六）去势

不做种用的梅山公猪以及与引进外来品种杂交的商品小公猪，要在哺乳期间去势，去势时间早，应激小，易操作，容易恢复，一般适宜的时间为 10～20 日龄。

（七）疾病防治

主要指仔猪腹泻的防治。仔猪腹泻是一个总称，包括多种肠道传染病，最常见的有仔猪红痢、仔猪黄痢、仔猪白痢和传染性胃肠炎等，多发于出生后 1 周左右（因脱水而死）和 20 日龄前后（消化不良）。最主要的是与母猪在妊娠期和泌乳期的营养是否全价、仔猪初生重的大小、母乳数量多少与质量优劣、环境卫生条件、气候变化等因素密切相关。

1. 仔猪常见疾病

（1）红痢　由产气荚膜梭菌引起，多发生在出生后 3 d 内，先排灰黄或灰绿色稀便，后排红色糊状粪便。最急性的症状不明显，不见腹泻即死亡。

（2）黄痢　由大肠杆菌引起，多发生在 3 日龄左右，仔猪突然腹泻，粪便稀薄如水，呈黄色或灰黄色，有气泡并带有腥臭味。

（3）白痢　由大肠杆菌引起的胃肠炎，多发生在 30 日龄以内的仔猪，以出生后 10～20 d 发病最多。主要症状是腹泻，粪便呈乳白色、灰白色或淡黄

白色，粥状或糨糊状，有腥臭味。

（4）传染性胃肠炎　由病毒引起，不限于仔猪，各种猪均易感染发病，仔猪死亡率高。症状是粪便很稀，严重时呈喷射状，伴有呕吐，脱水死亡。

2. 防治　预防仔猪腹泻需要做好以下工作：

（1）养好母猪　加强妊娠母猪和哺乳母猪的饲养管理，保证胎儿正常生长发育，产出体重大、健康的仔猪，母猪产后有良好的泌乳性能。

（2）保持猪舍清洁卫生　产房最好采取全进全出；妊娠母猪进产房时对体表要进行喷淋刷洗消毒，临产前用0.1％高锰酸钾溶液擦洗乳房和外阴部，尽量减少母体对仔猪的污染；产房的地面和网床上不能有粪便存留，随时清扫。

（3）保持良好的环境　产房应保持适宜的温度、湿度，控制有害气体的含量，使仔猪生活得舒服，体质健康，有较强的抗病能力，可防止或减少仔猪的腹泻等疾病的发生。

（4）采用药物预防和治疗　对仔猪生后口服或注射预防性药物；或在母猪妊娠后期注射菌苗，使母猪产生抗体，这种抗体可以通过初乳或者乳汁供给仔猪。

第三节　保育猪的饲养管理

从断乳至70日龄左右的仔猪称断乳仔猪，也称保育猪。断乳对仔猪是一个应激。这种应激主要表现为：①营养改变，饲料由吃温热的液体母乳变成固体的生干饲料；②生活方式改变，由依靠母猪到独立生存；③生活环境改变，由产房转移到保育舍，并伴随着重新组群；④最容易受病原微生物的感染而患病。总之，断乳引起仔猪的应激反应，会影响仔猪正常的生长发育并造成疾病。因此，必须加强断乳仔猪的饲养管理，以减轻断乳应激带来的损失，尽快恢复生长。

一、做好断乳工作

梅山猪采用30～35 d断乳比较合适。断乳方法主要有3种。

1. 一次断乳法　一般规模猪场采用此方法，即当仔猪达到预定断乳日龄时，将母猪隔出，仔猪留原圈饲养。应用此方法断乳较简便，但缺点是由于断乳突然，易因食物及环境突然改变而引起仔猪消化不良，又易使母猪乳房胀痛，烦躁不安或发生乳腺炎，对母猪和仔猪均不利。生产中，采用此法时应注意加强对母猪和仔猪的护理，断乳前 3 d 要减少母猪精饲料和青饲料量以减少乳汁分泌。

2. 分批断乳法　具体做法是在母猪断乳前 7 d 先从窝中取走一部分个体大的仔猪，剩下的个体小的仔猪数日后再行断乳，以便仔猪获得更多的母乳，增加断乳体重。缺点是断乳时间长，不利于母猪再发情配种，但此法较一次断乳法更为温和，一般农户养猪可以采取此法断乳。

3. 逐步断乳法　在断乳前 4～6 d 开始控制哺乳次数，第一天让仔猪哺乳4～5 次，以后逐步减少哺乳次数，使母猪和仔猪都有一个适应过程，最后到断乳日期再把母猪隔离出去。此法可避免母猪和仔猪遭受突然断乳的刺激，对母子均有好处；缺点是管理较麻烦，增加工作量。

二、断乳仔猪的饲养

（一）过渡期饲养注意事项

断乳仔猪的饲养应注意过渡期饲养。

1. 饲料类型的过渡　刚断乳仔猪 1～2 周内不能立即换用小猪料，用乳猪料在原栏饲养几天后，转往保育舍转料需有一个过程。转料时采取逐步更换的方法（每天 20% 的替换率），一般在 1 周内转完。在转料过程中，一旦发现异常情况，需立即停止转料，直到好转后才继续换料。转料过程中注意提供洁净的饮水和电解质，并添加预防性药物等。

2. 饲喂方法的过渡　在断乳后 2～3 d 要适当控制给料量，不要让仔猪吃得过饱，每天可多次投料（4～5 次/d，加喂夜餐，日喂量为原来的 70%），防止消化不良而引起腹泻，保证饮水充足、清洁，保持圈舍干燥、卫生。日粮组成以低蛋白质水平饲料为好（蛋白质含量控制在 19% 以内），能有效地防止或减少腹泻，但应用时要慎重，因为会影响增长速度。饲料中可增加一些预防性的药物。注意饲料适口性，以颗粒料或粗粉料为好。保证充足的饮水，断乳仔猪栏内应安装自动饮水器，保证随时供给仔猪清洁饮水。

3. 生活环境过渡　可采用不调离原圈，不混群并窝的"原圈培育法"。断乳时把母猪从产仔栏调出，仔猪留原圈饲养。饲养一段时间（7～15 d），待采食及粪便正常后再进行转舍。集约化养猪场通常采取全进全出的生产方式，仔猪断乳后立即转入仔猪培育舍，猪转走后立即清扫消毒，再转入待产母猪。断乳仔猪转群时一般采取"原窝培育"，即将原窝仔猪转入培育舍在同一栏内饲养。不要在断乳同时把几窝仔猪混群饲养，避免仔猪同时受断乳、咬架和环境变化影响而引起多重刺激。

（二）饲养方式

饲养方式主要有网床饲养和微生物发酵床饲养。

1. 网床饲养　利用网床饲养断乳仔猪的优势如下：①仔猪离开地面，减少冬季地面散热的损失，提高饲养温度，在网床一侧地面增铺电热地暖，可以很好地解决冬季防寒保暖问题。②粪尿、污水能随时通过漏缝网格漏到网下，减少仔猪接触污染的机会，床面清洁卫生、干燥，能有效地遏制仔猪腹泻病的发生和传播。采用网床养育保育猪，可以提高仔猪的生长速度、个体均匀度和饲料利用率，减少疾病的发生。

仔猪网床培育笼通常采用钢筋结构，离地面约 35 cm，底部可用钢筋，部分面积可放置木板，便于仔猪休息，饲养密度一般为每头仔猪 $0.3\sim0.4$ m^2。

2. 微生物发酵床饲养　应用微生物发酵床生态养猪技术饲养保育猪的优势如下：①发酵床生态技术养猪不需要对猪粪进行清扫，也不会形成大量的冲圈污水，没有任何废弃物、排泄物排出养猪场，基本实现了污染物"零排放"标准。②应用发酵床养猪能提高猪的生长速度。在发酵床上饲养的猪比普通猪舍对照组的猪具有明显的生长优势，平均日增重可提高 30％以上。③发酵床养猪能显著节约用水、用电，降低成本。采用生物发酵床技术的规模养猪场一般可以节省饲料 10％左右。

应用微生物发酵床饲养保育猪的关键是要做好发酵床的床体维护，确保稳定发酵；做好猪舍的通风，保持良好的猪舍环境；严格控制饲养密度，饲养密度一般为每头猪 $0.8\sim1.0$ m^2。

三、断乳仔猪的管理

断乳仔猪的管理涉及合理分群并窝、创造良好的圈舍环境、调教管理、防止咬耳咬尾、注射疫苗及驱虫、饲养效果观察等。

1. 合理分群并窝　断乳仔猪转群时一般采取原窝培育，即将原窝仔猪（剔除个别发育不良个体）转入保育舍在同一栏内饲养。如果原窝仔猪过多或过少，需要重新分群，可按其体重大小、强弱进行并群分栏。将窝中的弱小仔猪合并分成小群进行单独饲养。合群仔猪会有争斗位次现象，可进行适当看管，防止咬伤。

2. 创造良好的圈舍环境　保育舍内温度应控制在 22～25 ℃，在刚断乳时温度要提高 2～3 ℃，甚至可达 30 ℃，要做好冬季防寒保暖和夏季的防暑降温工作。保育舍湿度过大增加寒冷和炎热对猪的不良影响，且潮湿有利于病原微生物的滋生繁殖，可引起仔猪多种疾病。保育舍适宜的相对湿度控制在65%～75%。安装自动饮水器，保证供给清洁饮水。断乳仔猪采食大量干饲料常会感到口渴，如供水不足会影响仔猪正常生长发育，还会因饮用污水造成腹泻等疾病。猪舍内外要经常清扫，定期消毒，杀灭病菌，防止发生传染病。仔猪出圈后，若是网床饲养，则可用高压水泵冲洗消毒，3 d 后再进另一批猪；若是微生物发酵床饲养，则可将垫料堆积，使其充分发酵，5～7 d 后再铺平进猪。对圈舍内粪尿等有机物及时清除处理，减少氨气、硫化氢等有害气体的产生，控制通风换气量，排除舍内污浊的空气，保持舍内空气新鲜。

3. 调教管理　新断乳转群的仔猪吃食、卧位、饮水、排泄点尚未形成固定位置，所以，要加强调教训练，使其形成理想的睡卧和排泄点。这样既可保持栏内卫生，又便于清扫。训练时排泄点的粪便暂不清扫，诱导仔猪来排泄。其他处的粪便及时清除干净。当仔猪活动时对不到指定地点排泄的仔猪用小棍轰赶并加以训斥。当仔猪睡卧时，可定时轰赶到固定点排泄，经过 1 周的训练，可建立起定点睡卧和排泄的条件反射。

4. 防止咬耳咬尾　保育猪在受到企图继续吮乳、饲料营养不合理、饲养环境不良、争斗行为等因素影响会发生咬耳咬尾现象。预防咬耳咬尾应注意以下方面：消除使猪不适因素；及时调整日粮结构，使之全价；为仔猪设立玩具，分散注意力；断尾；慎用或不用有应激综合征的猪。

5. 注射疫苗及驱虫　保育猪进栏后按免疫程序做好猪瘟、口蹄疫、猪蓝耳病、猪链球菌病等疫病的免疫接种工作，7～10 d 进行体内外驱虫。

6. 饲养效果观察　主要观察剩料情况、仔猪动态和粪便情况。

（1）观察饲槽中剩料情况　若在第二餐投料时食槽中还留有一点饲料，但量不多，说明上餐喂量适中；若槽中舔得精光，有湿唾液现象，则上餐喂量过少，要增喂；若明显过多剩料，下餐喂上餐的 1/2 量。

（2）观察仔猪动态　喂料前簇拥食槽前，叫声不断，应多喂；过 5～

6 min，料已净仍在槽前抬头张望，可再加一些饲料；有部分仔猪在喂料前虽走至食槽前，但叫声少而弱，这时少喂些饲料。

（3）观察粪便色泽和软硬程度　初生仔猪，粪便呈黄褐色筒状，采食后，粪便呈黑色粒状成串。断乳后 3 d，粪便变细、颜色变黑属正常；粪便变软，色泽正常，喂料不加不减；粪便呈黄色，粪内有饲料细粒，说明喂量过剩，应减至上餐 80％，下餐增至原喂量；粪便呈糊状、淡灰色，并有零星粪便呈黄色，内有饲料细粒，这是全窝腹泻症状，要停喂一餐，第二餐也只能喂第一餐定量的 50％，第三餐要根据粪便状况而定。

第四节　育肥猪的饲养管理

梅山猪商品肉猪主要是指以梅山猪为母本，引入猪种为父本的二元、三元杂交商品猪。梅山猪杂种优势明显，与瘦肉型公猪杂交后胴体瘦肉多（52％左右）、生长速度快、抗病力强，其二元杂交母猪基本保持梅山猪的高产特性，产仔达 14 头，生产的三元杂交商品猪瘦肉率可达 56％以上。

从保育阶段结束，即 70～75 日龄时到上市阶段的猪都称为肉猪（育肥猪），该阶段是绝对增重速度最快的时期，也是养猪经营者获得最终经济效益的重要时期。因此，要充分了解肉猪增重和体组织变化规律，了解影响肉猪增重的遗传、营养、饲养管理、环境和最佳屠宰体重等，采用现代饲养技术，提高日增重、饲料利用率、瘦肉率，进行快速高效育肥，以达到降低生产成本、提高经济效益和适应市场需求的目的。

一、商品肉猪的生长发育规律

1. 体重的增长规律　梅山猪二元、三元杂交的瘦肉型良种猪可以获得最大的生长速度为：体重 5～10 kg 阶段的日增重 250 g，10～20 kg 为 350 g，20～100 kg 达 600 g 以上。

2. 体组织的增长规律　瘦肉型猪种体组织的增长顺序和强度是骨骼＜皮＜肌肉＜脂肪，而地方猪种是骨骼＜肌肉＜皮＜脂肪，说明脂肪是发育最晚的组织，脂肪一般有 2/3 储存于皮下。

3. 猪体的化学组成　随着猪体组织及体重的生长，猪体的化学成分也呈规律性的变化，即随着年龄和体重的增长，水分、蛋白质和矿物质等含量下降。蛋白质和矿物质含量在体重 45 kg 阶段以后趋于稳定，而脂肪则迅速增长。同时，随着脂肪量的增加，饱和脂肪酸的含量也增加，不饱和脂肪酸含量逐渐减少。

二、商品肉猪饲养品种（系）选择

1. 选好苗猪品种　不同品种或品系之间进行杂交，利用杂种优势是提高生长育肥猪生产力的有效措施。研究表明，在梅山猪的杂交利用中，效果较好的杂交组合有杜梅、皮梅及长梅，这样的组合既有梅山猪对粗纤维的高消化率，又能保持瘦肉型猪种对能量和蛋白质的高利用率，提高肉质。

2. 选择壮实、强大的个体　肋骨开张、胸深大、管围粗与骨骼粗呈正相关的猪，饲料利用率高，胸深的猪背腰薄而瘦肉多。另外，初生重和断乳重越大的仔猪，育肥期生长越快，饲料利用率越高。

3. 选择健康无病的个体　健康无病猪的特点：两眼明亮有神，被毛光滑有光泽，站立平稳，呼吸均匀，反应灵敏，行动灵活，摇头摆尾或尾巴上卷，叫声清亮，鼻镜湿润，随群出入；粪软尿清，排便姿势正常；主动采食。

三、商品肉猪的饲养

1. 适宜的饲粮营养水平　饲养水平是指猪一昼夜采食的营养物质总量，采食的总量越多，饲养水平越高。对猪育肥效果影响最大的是能量和蛋白质水平。

（1）能量水平　在蛋白质、氨基酸水平一定的情况下，一定限度内能量采食越多则增重越快，饲料利用率越高，沉积脂肪越多，瘦肉率越低。故在兼顾育肥性能和体组成的变化时，能量水平必须适度。但不同的品种、类型、性别的猪都有自己的最适能量水平。为了防止体过肥，在育肥后期要实行限制饲养。

（2）蛋白质和必需氨基酸水平　蛋白质水平前期（20～55 kg）为 16％～17％，后期（55～90 kg）为 14％～16％（表 6-1），同时要注意氨基酸含量。猪需要 10 种必需氨基酸，缺乏任何一种都会影响增重，赖氨酸、蛋氨酸和色氨酸的影响更为突出。当赖氨酸占粗蛋白质的 6％～8％时，饲粮蛋白质的生物学价值最高。能蛋比在 20～60 kg 时为 23：1，在 60～100 kg 时为 25：1。

（3）矿物质和维生素水平　不可缺乏，也不可过多。钙磷比例为 1.5：1，食盐 0.25%～0.5%。

（4）粗纤维水平 猪为单胃动物，对粗纤维的利用效率低，一定条件下，适当提高粗纤维含量可降低能量摄入，提高瘦肉率。

表 6-1 梅山猪肉猪饲料营养水平和日粮定量

项目	配合饲料营养价值 消化能（MJ/kg）	粗蛋白质 （%）	粗纤维 （%）	每头猪日粮定量 （kg）
前期	12.97	16	4	不限量
后期	12.55	14	6	2.7

2. 育肥方式 育肥方式包括吊架子育肥法、一条龙育肥法和前高后低的饲养方式。

（1）吊架子育肥法 也称阶段育肥法，是在较低营养水平和不良饲料条件下所采用的一种肉猪育肥方法，目前使用较少。该方法将整个过程分为小猪、架子猪和催肥三阶段进行饲养。小猪阶段饲喂较多的精饲料，饲粮能量和蛋白质水平相对较高。架子猪阶段利用猪骨骼发育较快的特点，让其长成骨架，采用低能量和低蛋白质的饲粮进行限制饲养（即"吊架子"），一般以青粗饲料为主，饲养 4～5 个月。催肥阶段则利用育肥猪易于沉积脂肪的特点，增大饲粮中精饲料比例，提高能量和蛋白质的供给水平，快速育肥。这种育肥方式可通过"吊架子"来充分利用当地青饲料等自然资源，降低生长育肥猪饲养成本，但它拖长了饲养期，生长效率低，已不适应现代集约化养猪生产的要求。

（2）一条龙育肥法 也称直线育肥法。按照猪在各个生长发育阶段的特点，采用不同的营养水平和饲喂技术，在整个生长育肥期间能量水平始终较高，且逐阶段上升，蛋白质水平也较高，以这种方式饲养的猪增重快，饲料利用率高。这是现代集约化养猪生产普遍采用的方式。

（3）前高后低的饲养方式 即前期自由采食，后期限量饲喂。在育肥猪体重达 60 kg 以前，按一条龙育肥法，采用高能量、高蛋白质饲粮；在育肥猪体重达 60 kg 后，适当降低饲粮能量和蛋白质水平，限制其每天采食的能量总量。

3. 饲喂方式 一般分为限量饲喂和自由采食两种。

限量饲喂主要有两种方法：①对营养平衡的日粮在数量上予以控制，即每次饲喂自由采食量的 70%～80%，或减少饲喂次数。②降低日粮的能量浓度，把粗纤维含量高的粗饲料配合到日粮中去，以限制其对养分特别是能量的采食量。

若要得到较高日增重，以自由采食为好；若只追求瘦肉多和脂肪少，则以限量饲喂为好。如果既要求增重快，又要求胴体瘦肉多，则以两种方法结合为好，即在育肥前期采取自由采食，让猪充分生长发育，而在育肥后期（达55～60 kg后）采取限量饲喂，限制脂肪过多地沉积。

合理调制的饲料，可改善饲料适口性，提高饲料利用率，还可降低或消除有毒、有害物质的危害。30 kg以下幼猪的饲料颗粒直径以 0.5～1.0 mm 为宜，30 kg以上猪以 1.5～2.5 mm 为宜。配合饲料一般宜生喂，各种青饲料也不宜煮熟。颗粒料优于干粉料。

4. 饲喂时间　从猪的食欲与时间的关系来看，猪的食欲以傍晚最盛，早晨次之，午间最弱，这种现象在夏季更趋明显。所以，对生长育肥猪可每日喂3次，且早晨、午间、傍晚3次饲喂时的饲料量分别占日粮的35％、25％和40％。试验表明，在20～90 kg时，日喂3次与日喂2次比较，前者并不能提高日增重和饲料利用率。因此，许多集约化猪场采取每天2次饲喂的方法是可行的。

四、商品肉猪的管理

1. 合理分群　生长育肥猪一般采取群饲方法。分群时，除考虑性别外，应把来源、体重、体质、性情和采食习性等方面相近的猪合群饲养。根据猪的生物学特性，可采取"留弱不留强，拆多不拆少，夜并昼不并"的办法分群，并加强新合群猪的管理、调教工作，如在猪体上喷洒少量来苏儿消毒液或乙醇，使每头猪气味一致，避免或减少咬斗的发生，同时可吊挂铁链等小玩物来吸引猪的注意力，减少争斗。分群后要保持猪群相对稳定，除对个别患病、体重差别太大、体质过弱的个体进行适当调整外，不要任意变动猪群。每群头数，应根据猪的年龄、设备、圈养密度和饲喂方式等因素而定。

2. 调教　猪在新合群或调入新圈时，要及时加以调教。重点要抓好两项工作：①防止强夺弱食，为保证每头猪都能吃到、吃饱，应备有足够的饲槽，对霸槽争食的猪要勤赶、勤教。②训练猪养成"三角定位"的习惯，即让猪采食、睡觉、排泄地点固定在圈内三处（点），形成条件反射，以保持圈舍清洁、干燥，有利于猪的生长。具体方法是猪调入新圈前，要预先把圈舍打扫干净，在猪躺卧处铺上垫草，食槽内放入饲料，并在指定排便地点堆放少量粪便、泼点水。把猪调入新圈后，若有个别猪不在指定地点排便时，要及时将其粪便铲到指定地点，并守候看管，这样，经过 1 周左右训练，就会使猪养成"三角定位"习惯。

3. 创造适宜的环境条件　适宜的环境条件包括以下几方面：

（1）温度和湿度　适宜环境温度为 16～23 ℃，前期为 20～23 ℃，后期为 16～20 ℃。相对湿度以 50%～70% 为宜。

（2）圈养密度和圈舍卫生　圈养密度一般以每头猪所占面积来表示。15～60 kg 猪为每头 0.6～1.0 m²，60 kg 以上猪为每头 1.0～1.2 m²，每圈以 10～20 头为宜。猪舍要清洁干燥，空气新鲜，并定期消毒。

（3）合理通风　换气风速以 0.1～0.2 m/s 为宜，最大风速不要超过 0.25 m/s。在高温环境下，应增大气流速度；在寒冷季节要降低气流速度，更要防贼风。

（4）光照　育肥猪舍内的光照可暗淡些，只要便于猪采食和饲养管理工作即可，使猪得到充分休息。

（5）噪声　噪声强度以不超过 85 dB 为宜。

4. 适时屠宰　影响屠宰活重的主要因素如下：①适宜屠宰活重（期）受日增重、饲料利用率、屠宰率、瘦肉率等生物学因素的制约。②消费者对胴体的要求。③销售价格的影响。④生产者经济效益（利润）的影响，应考虑饲料、仔猪成本、屠宰率和胴体价格。⑤育肥类型、品种、经济条件和育肥方式。梅山猪二元杂交商品猪一般以 90～100 kg 为适宜屠宰活重。

5. 供给清洁而充足的饮水　必须供给猪充足的清洁饮水，符合卫生标准；如果饮水不足，会引起食欲减退，采食量减少，使猪的生长速度减慢，严重者会引起疾病。猪的饮水量随生理状态、环境温度、体重、饲料性质和采食量等而变化，一般在春秋季节其正常饮水量应为采食饲料风干重的 4 倍或体重的 16%，夏季约为 5 倍或体重的 23%，冬季则为 2～3 倍或体重的 10% 左右。猪饮水一般以安装自动饮水器较好，或在圈内单独设一水槽，经常保持充足而清洁的饮水，让猪自由饮用。

6. 去势　农村养猪户多在仔猪 35 日龄、体重 5～7 kg 时去势，集约化猪场大多提倡仔猪 7～10 日龄去势。此时去势的优点是易操作，应激小，手术时流血少，术后恢复快。

7. 防疫 制定合理的免疫程序，认真做好预防接种工作。应每头接种，避免遗漏。对从外地引入的猪，应隔离观察，并及时免疫接种。在集约化养猪生产中，仔猪在育成期前（70 日龄以前），各种传染病疫苗均进行接种，转入生长育肥猪后到出栏前无须再进行接种。应根据地方传染病流行情况，及时采血监测各种疫病的效价，防止发生意外传染病。

8. 驱虫 感染猪的寄生虫主要有蛔虫、螨和虱等。通常在 90 日龄时进行第一次驱虫，必要时在 135 日龄左右时再进行第二次驱虫。驱除蛔虫常用驱虫净，每千克体重用 20 mg，拌入饲料中一次喂服。驱除螨和虱常用敌百虫，配制成 1.5%～2.0%的溶液喷洒体表，每天一次，连续 3 d。近年来，采用 1% 伊维菌素注射液对猪进行皮下注射，使用剂量为每千克体重 300 μg，对驱除猪体内、外寄生虫有良好效果。

第七章
疫病防控

第一节　生物安全

一、猪场的生物安全

猪场的生物安全体系，是指在养猪生产中能够防止猪病传染源进入猪场侵袭猪群、造成疫病流行的一整套技术体系和措施，包括防止致病微生物传入、防疫免疫制度建立、消毒隔离措施、增强自体免疫力、防止已侵入猪群中的致病性微生物连续传染给其他猪等。猪场生物安全体系的建设，需要从猪场建设和猪场管理方面入手，包括猪场的选址与规划布局、环境的隔离、生产制度确定、消毒、人员物品流动控制、免疫程序制定、主要传染病的监测和废弃物的处理等。

1. 搞好猪场的卫生管理

（1）保持舍内干燥清洁，每天打扫卫生，清理生产垃圾，清除粪便，清洗刷拭地面、猪栏及用具。

（2）保持饲料及饲喂用具的卫生，不喂发霉变质或来路不明的饲料，定期对饲喂用具进行清洗消毒。

（3）保持舍内温暖干燥，适当通风换气，排出舍内有害气体，保持舍内空气新鲜。

2. 搞好猪场的防疫管理

（1）建立健全并严格执行卫生防疫制度，认真贯彻落实"以防为主、防治结合"的基本原则。

（2）认真贯彻落实严格检疫、封锁隔离制度。

（3）建立健全并严格执行消毒制度。消毒可分终端消毒、即时消毒和日常消毒，门口设立消毒池，定期更换消毒液。

（4）建立科学的免疫程序，选用优质疫苗进行切实的免疫接种。

3. 做好药物保健工作　正确选择并交替使用保健药物，采用科学的投药方法，严格控制药物的剂量。

4. 严格处理病死猪　对病猪进行隔离观察治疗，对病死猪的尸体进行无害化处理。

5. 杀虫灭鼠　鼠、蝇、蚊等是动物疫病传播的媒介，因此，杀灭这些媒介和防止它们的大量繁殖，在预防和扑灭动物疫病，获得生产效益上有重要意义。

（1）灭鼠　老鼠偷吃饲料，一只家鼠一年能吃 12 kg 饲料，造成巨大的饲料浪费。老鼠还传播病原微生物，并咬坏饲料袋、水管、电线、保温材料等，因此必须做好灭鼠工作。常用对人畜低毒的灭鼠药进行灭鼠，投药灭鼠要全场同步进行，合理分布投药点，并及时无害化处理老鼠尸体。

（2）消灭蚊、蝇、蜱等寄生虫和吸血昆虫　减少或防止媒介生物对猪的侵袭和传播疾病。可选用敌敌畏、低硫磷等杀虫药物杀灭媒介生物，使用时应注意对人、猪的防护，防止中毒。另外，在猪舍门、窗上安装纱窗，可有效防止蚊、蝇的袭扰。

（3）控制其他动物　猪场内不得饲养犬、猫等动物，以免传播弓形虫病，还要防止其他动物入侵猪场。

6. 人员控制　主要是指人员的管理，猪场一般以层层管理、分工明确、场长负责制为原则。具体工作专人负责，既有分工，又有合作；下级服从上级；重点工作协作进行，重要事情通过场领导班子研究解决。建立完善的猪场管理制度，使生产有条不紊地进行，不断提高管理水平。

猪场大门需设消毒池并配备消毒机，车辆要消毒；设人员消毒通道，进入人员登记消毒，工作人员在生产区和生活区之间要实施严格的消毒措施；猪场周围禁止放牧，协助当地周围村镇的免疫工作，最好设围墙、防疫林等。

二、消毒

消毒是利用物理、化学或生物方法杀灭或清除外界环境中的病原体，切断其传播途径，防止疾病流行。消毒是贯彻"预防为主"方针的一项重要措施。猪场生物安全体系建设中比较常用的消毒方法主要有以下几种：

1. 机械性消毒法　用机械的方法如清扫、洗刷、通风等消除病原菌，是最普通常见的方法。如猪舍的清扫和洗刷、动物体毛和被毛的洗刷等，可以将猪舍的粪便、垫料、饲料残渣清除干净，并将动物体表的污物去掉。随着这些污物的清除，大量病原体也被消除。

2. 物理性消毒法

（1）阳光、紫外线和干燥　阳光是天然的消毒剂，其光谱中的紫外线有较强的杀菌能力，阳光的灼热和蒸发水分引起的干燥亦有杀菌作用，在实际工作中，很多场合如实验室等用人工紫外线来进行空气消毒，也有一些猪场的入场通道中安装了紫外灯消毒。

（2）高温　是最彻底的消毒方法之一。规模猪场常用的高温消毒方法有：火焰烧灼及烘烤、煮沸消毒和蒸汽消毒。

3. 化学消毒法　在现代猪场防疫中常用化学药品来进行消毒。化学消毒的效果取决于许多因素，例如病原体抵抗力、所处环境情况和性质、消毒时的温度、药剂的浓度、作用时间长短等。常用的化学消毒剂有：

（1）氢氧化钠　对细菌和病毒均具有强大的杀伤力，常配成 $1\%\sim2\%$ 的热水溶液消毒被污染的猪舍、地面和用具等。但对金属类物品有腐蚀性，消毒完毕后要用水冲洗干净；对皮肤黏膜有刺激性，消毒猪舍时，应移出动物，隔半天以水冲洗槽、地面后，方可让动物进入。

（2）碳酸钠　常配成 4% 的热水溶液浸泡衣物、用具，或洗刷车船和场地等。器械煮沸消毒时加入本品 1%，可促进黏附在器械表面的污染物溶解，使灭菌效果更为可靠，并可防止器械生锈。

（3）漂白粉　是一种广泛应用的消毒剂，其主要成分为次氯酸钙，是用气体氯将石灰氯化而成的。漂白粉遇水产生极不稳定的次氯酸，易解离产生氧原子和氯原子，通过氧化和氯化作用而呈现强大、迅速的杀菌作用。

（4）二氯异氰尿酸钠　是一种新型广谱高效安全消毒剂，为白色粉末，易溶于水，性稳定，易保存。

（5）二氯海因、二溴海因　属于新型广谱高效的卤素类消毒剂，广泛用于畜禽养殖场和水的消毒。对细菌、真菌、病毒具有强大的杀灭作用，尤其是对病毒的消毒效果好。

4. 生物热消毒法　生物热消毒法主要用于污染的粪便、垃圾等的无害化处理。在粪便堆积的过程中，利用粪便中的微生物发酵产热，可使温度高达70 ℃以上。经过一段时间，可以杀死病原体（芽孢除外）、寄生虫卵等而达到消毒的目的，同时又保持了粪便的良好肥效。在发生一般疫病时，是一种很好的消毒方法。

5. 现代猪场的消毒频率

①生活区　办公室、食堂、宿舍及其周围环境每月大消毒一次。

②售猪周转区　周转猪舍、出猪台、磅秤及周围环境每售一批猪后大消毒一次。

③生产区正门消毒池　每周至少更换池水、池药2次，保持有效浓度。进入生产区的车辆必须彻底消毒，随车人员消毒方式与生产人员一样。

④更衣室、工作服　更衣室每周末消毒一次，工作服清洗时消毒。

⑤生产区环境　生产区道路及两侧5 m内范围、猪舍间空地每月至少消毒2次。

⑥各种猪舍门口消毒池与消毒盆　每周更换水、药至少2次，保持有效浓度。

⑦猪舍　配种妊娠舍每周至少消毒一次，分娩保育舍每周至少消毒2次。

⑧人员　每次进入猪舍前必须脚踏消毒液、消毒盆洗手消毒。

三、猪群免疫接种

1. 免疫接种的概念和类型

（1）免疫接种　即根据特异性免疫的原理采用人工方法给易感动物接种疫苗、类毒素或免疫血清等生物制剂，使机体产生相应病原体的抵抗力（即主动免疫或被动免疫），易感动物也就转化为非易感动物，达到保护个体和群体、预防和控制疫病的目的。

免疫失败就是进行了免疫，但猪群或猪个体不能获得抵抗感染的足够保护力，仍然发生相应的亚临床型疾病甚至临床型疾病。

（2）类型　免疫接种分为预防免疫接种、紧急免疫接种和临时免疫接种。

2. 免疫程序　针对梅山猪，推荐免疫程序可参见表7-1。

表 7-1 梅山猪参考免疫程序

类型	时间	工作内容和要求	备注
哺乳仔猪	1日龄	编耳号、剪牙、称重、记录、口服防腹泻药等	仔猪腹泻酌情用药防治
	3日龄	亚硒酸钠-维生素E、补铁	
	8日龄	猪气喘病疫苗（纯种）	
	15日龄	仔猪水肿病灭活疫苗	
	21日龄	猪瘟细胞苗	
	27日龄	猪伪狂犬病疫苗、阉割	
	35日龄	蓝耳病弱毒苗	
后备种猪	群防	猪气喘病疫苗，按说明书使用 猪瘟细胞苗2头份，肌内注射 猪细小病疫苗，1头份，肌内注射 蓝耳病弱毒苗，2头份，肌内注射 猪伪狂犬病疫苗2头份肌内注射，口蹄疫（合成肽）苗 传染性胃肠炎-流行性腹泻二联苗1头份，后海穴注射（11月底左右）	
生产母猪	与哺乳仔猪同时免疫	猪瘟细胞苗，2头份，肌内注射 蓝耳病弱毒苗，2头份，肌内注射 传染性胃肠炎-流行性腹泻二联苗1头份，后海穴注射（11月底左右） 乙脑疫苗（4月） 春、秋两季口蹄疫（合成肽）苗 母猪产前30 d气喘病疫苗 母猪产前15 d内，不可注射任何疫苗；产前3 d始酌情控料和料中加预防药	
生产公猪	3~4月和9~10月	每年春、秋两季各分别免疫：①猪瘟细胞苗；②乙脑疫苗（4月）；③细小病毒苗；④口蹄疫（合成肽）疫苗；⑤蓝耳病弱毒苗；⑥伪狂犬病双基因缺失苗	注意每种疫苗接种间隔不少于1周
日常消毒	消毒液	常年选用醛类消毒、碘类消毒液、过氧乙酸、百毒杀，实行消毒液每季度轮换使用	消毒池和车辆、用具消毒液与环境消毒液相同，须确保消毒池消毒液的数量和有效浓度
	消毒次数	夏季：3次/周；春、秋两季：2次/周；冬季：1次/周	
	消毒要求	每次消毒前，必须彻底清除粪污，刷洗并晾干后方可进行消毒	

（续）

类型	时间	工作内容和要求	备注
补充说明		每年4月份全场所有种猪注射乙脑弱毒苗 链球菌苗根据猪群是否有此病流行而定 上述免疫程序是根据南京气候生态因子和本场猪群实际情况及免疫程序设计有关规定而制定，重点防控：①猪高热综合征；②仔猪腹泻；③母猪产仔少综合征等病症	

第二节 主要传染病的防控

一、猪瘟

1. 病原 猪瘟是由猪瘟病毒（CSFV）引起的一种急性、热性、高度接触性传染病，对养猪业的发展危害严重，我国把猪瘟列为一类动物疫病。

2. 流行特点

（1）古典型猪瘟 发病急，感染率和死亡率高，以全身败血症、内脏实质器官出血、坏死和梗死为特征；不同年龄、品种都易感，一年四季都可发生；潜伏期5～10 d，短的只有2 d，最长达21 d。

（2）温和型猪瘟 也称非典型性猪瘟，临床症状不典型，尸体剖检病变也不明显和不典型，发病率和死亡率也没有古典型猪瘟高。

3. 临床症状

（1）古典型猪瘟 从临床表现可分为最急性猪瘟、急性猪瘟和慢性猪瘟。最急性猪瘟生前无明显症状，突然死亡。典型症状是：高热稽留（体温40.5～42 ℃），行动迟缓，怕冷、寒战，互相堆叠在一起；脓性结膜炎；在耳、四肢内侧、腹下等处皮肤出现大小不等的红色出血点，指压不褪色；口渴、特喜饮脏水，先便秘、后腹泻或腹泻、便秘交替发生，排出稀的或带有肠黏膜、黏液和血丝的恶臭粪便；后肢无力，站立或行走时歪歪倒倒；部分病猪表现神经症状，四肢呈游泳状划动。

（2）温和型猪瘟 临床症状不典型，妊娠母猪感染后，病毒经胎盘感染胎儿，引起母猪流产，产死胎、木乃伊胎、弱仔，仔猪皮肤发疹、震颤等，随之仔猪整窝或多数腹泻、死亡，造成繁殖障碍。

4. 防控措施 本病防控措施应严格按照国家要求进行。遵守猪瘟疫苗的科学免疫接种，包括合理的免疫程序和剂量。同时猪场应建立免疫监测制度，确定首免日龄。妊娠母猪禁用猪瘟弱毒苗免疫接种。

二、非洲猪瘟

非洲猪瘟是一种急性、传染性很高的滤过性病毒所引起的猪病，其特征是发病过程短，死亡率高达 100％，临床表现为发热，皮肤发绀，淋巴结、肾、胃肠黏膜明显出血。

1. 病原　非洲猪瘟病毒（ASFV）属于非洲猪瘟病毒属，为一种大型 DNA 病毒，成熟的病毒粒子为六面体，直径 175～225 nm。在猪体内，非洲猪瘟病毒可在几种类型的细胞中，尤其是网状内皮细胞和单核巨噬细胞中复制。该病毒可在钝缘蜱中增殖，并使其成为主要的传播媒介。

2. 流行特点　家猪与野猪对本病毒都是自然易感性的，各品种及各不同年龄之猪群同样是易感性。非洲和西班牙半岛有几种软蜱是 ASFV 的贮藏宿主和媒介。美洲等地分布广泛的很多其他蜱种也可传播 ASFV。一般认为，ASFV 传入无病地区都与用来自国际机场和港口的未经煮熟的感染猪制品或残羹喂猪有关，或由于人接触了感染的家猪的污染物、胎儿、粪便、病猪组织，进而污染了饲料，并用污染饲料进行饲喂而发生。发病率和死亡率最高可达 100％。世界动物卫生组织将其列为法定报告动物疫病，我国将其列为一类动物疫病。健康猪与患病猪或污染物直接接触是非洲猪瘟最主要的传播途径，猪被带毒的蜱等媒介昆虫叮咬也存在感染非洲猪瘟的可能性。

3. 临床症状　自然感染潜伏期 5～9 d，实际往往更短，临床试验感染为 2～5 d，发病时体温升高至 41 ℃，约持续 4 d，直到死前 48 h，体温开始下降为其特征。猪开始时精神沉郁、厌食，常卧于一隅；后全身衰弱，不愿行动，后肢尤为无力；心跳疾速、呼吸加快，部分病猪呼吸困难，时有咳嗽；眼鼻有浆液性或脓性分泌物，鼻端、耳、腹部等处常发紫绀；有些病毒株引起腹泻，粪便带血，常有呕吐，病程 4～7 d，致死率 95％～100％。

4. 病理变化　在耳、鼻、腋下、会阴、尾、脚无毛部分呈界限明显的紫色斑，耳朵紫斑部分常肿胀，中心深暗色分散性出血，边缘褪色，尤其在腿及腹壁皮肤肉眼可见到。显微镜所见，于真皮内小血管，尤其在乳头状真皮呈严重的充血和肉眼可见的紫色斑，血管内发生纤维性血栓，血管周围有许多嗜酸性粒细胞，耳朵紫斑部分上皮的基层组织内，可见到血管血栓性小坏死现象，切开胸腹腔，心包、胸膜、腹膜上有许多澄清、黄色或带血色液体，尤其在腹部内脏或肠系膜上，小血管受到影响更甚，于内脏浆膜可见到棕色转变成浅红色的淤斑，即所谓的麸斑，尤其小肠更多，直肠壁深处有暗色出血现象，肾有弥漫性出血情形，胸膜下水肿特别明显，心包出血。

5. 防控措施　目前世界范围内没有研发出可以有效预防非洲猪瘟的疫苗，但高温、消毒剂可以有效杀灭病毒，所以做好养殖场生物安全防护是防控非洲猪瘟的关键。一是严格控制人员、车辆和易感动物进入养殖场；进出养殖场及其生产区的人员、车辆、物品要严格落实消毒等措施。二是尽可能封闭饲养生猪，采取隔离防护措施，尽量避免与野猪、钝缘软蜱接触。三是严禁使用泔水或餐余垃圾饲喂生猪。四是积极配合当地动物疫病预防控制机构开展疫病监测排查，特别是发生猪瘟疫苗免疫失败、不明原因死亡等现象，应及时上报当地兽医部门。

三、口蹄疫

1. 病原　口蹄疫病毒（FMDV）属于小核糖核酸（RNA）病毒科口疮病毒属。现已知本病毒有 7 个血清型，即 O、A、C、SAT1、SAT2、SAT3 和 Asia1 型，61 个亚型。各型之间的临床表现基本相同，但彼此均无交叉免疫性。

2. 流行特点

（1）口蹄疫一年四季都可发生，每年 6～8 月炎热季节较为少发，11～12 月及来年的 1～2 月寒冷季节多发。流行周期从 20 世纪的 10 年 1 次，变为 5 年 1 次，3 年 1 次，1 年 1 次。流行规律相对无序，这给防控工作带来极大困难。

（2）口蹄疫病毒主要感染偶蹄动物，易感动物有牛、猪、羊、鹿和骆驼。人也能感染口蹄疫。仔猪越小，发病率越高，患病越重，死亡率越高。口蹄疫病毒在动物体内可以存活数月、数年甚至终生，并在群体中能世代传递。无论是感染发病或是隐性感染的动物，均能长期带毒和排毒。

（3）口蹄疫病毒可以通过发病动物呼出的空气、唾液、乳汁、精液、眼鼻分泌物、粪、尿以及母畜分娩时的羊水等排出体外，急性感染期屠宰的动物及污水可以排放大量病毒；病畜的肉、内脏、皮、毛均可带毒成为传染源；被污染的圈舍、场地、水源和草场等亦是天然的疫源地。饲养和接触过病畜的人员及衣物、鞋帽等，接触过病畜的运输车辆、船舱、机舱、猪笼，被病畜污染的圈舍、场地、饲槽、饲料、饲用工具、屠宰工具、厨房工具、洗肉水、兽医器械等，都可以传播病毒。

（4）易感动物的抵抗力、病毒的毒力、带毒物品的感染力、自然环境、经济和社会等因素都影响着该病的流行形式。流行形式一般可以分为4种：偶发或散发、流行性暴发、流行性大暴发和地方性流行。

3. 临床症状　被口蹄疫病毒感染的猪，潜伏期一般为2～7 d，最短的12 h就发病，最长的达14～21 d。在潜伏期内，病畜还未表现临床症状就已经在排毒，只要和病畜同群的牲畜，一般都已感染。猪口蹄疫最早的症状是吻突、唇上发生水疱、烂斑，此时，偶见口内有白色泡沫。最典型的症状是蹄冠、蹄叉出现局部红肿，手触有热感，站立不稳、跛行，蹄上有水疱，蹄冠边缘、蹄踵、蹄叉、附蹄等处都会发生水疱，蹄冠边缘的水疱融合成长条；蹄后的水疱常呈T形，严重者蹄部破溃、蹄壳脱落，肉蹄鲜血淋漓，跛行或前肢跪地而行、卧地不起。出现水疱时，体温一般升高达40～41.5 ℃，水疱液呈灰白色，水疱刚破溃时出现红色的烂斑，烂斑边缘附有破碎的水疱皮。

4. 防控措施　本病属于我国规定的一类传染病。

我国对口蹄疫实行预防为主的方针，一旦有口蹄疫传入、发生，扑灭的原则是"早、快、严、小"。综合防控措施要做到：实行强制免疫，提高猪群抗病能力；实行强制封锁，严防疫情扩散；实行强制扑杀，彻底消除病源；实行强制检疫，限制病猪及其产品流动；实行强制消毒，全面净化环境；强化疫情报告制度；强化疫情监测和防疫监督。

四、猪繁殖与呼吸综合征

1. 病原　猪繁殖与呼吸综合征病毒（PRRSV）属于套式病毒目动脉炎病毒科动脉炎病毒属成员，是一种单股正链RNA病毒，基因组长度14.9～15.5 kb。病毒粒子呈球形，外绕一层脂质双层膜，直径为50～65 nm，内部的核衣壳呈20面体对称，直径为25～35 nm。根据病毒的核苷酸序列和血清学反应特征，可分为PRRSV-1型和PRRSV-2型，PRRSV-1型分为3个亚型，我国流行的PRRSV-1型属于亚型1，并可进一步分为4个亚群。

2. 流行特点　各种年龄的猪和野猪都对PRRSV易感，但主要侵害繁殖母猪和仔猪，仔猪的易感性最高。低毒力株仅能引起亚临床或持续性感染，呈地方流行性。高毒力株引起的 PRRS 临床症状严重，以高热、高发病率和高死亡率为特征，呈流行性。PRRSV 阳性猪场的母猪繁殖障碍率上升，断乳前后仔猪的死亡率升高，生长育肥猪的料肉比增加，继发感染频发。

3. 临床症状

（1）共同症状　所有猪感染 PRRSV 以后都出现厌食、精神不振和发热，体温达 40～41.5 ℃；体表皮肤发绀、出血。体表皮肤发绀多发生于皮肤远端，如耳、眼、吻突、四肢末端、腹下、阴囊、阴户及臀部等皮肤。皮肤严重发绀呈蓝紫色，出现耳部发绀呈蓝紫色的频度最大，因此，又把 PRRS 称为"蓝耳病"。

（2）母猪的症状　妊娠母猪感染 PRRSV 后主要造成晚期流产和早产，产死胎、木乃伊胎，产弱仔及弱仔数增多，部分母猪皮肤毛孔出血。母猪妊娠早期对 PRRSV 感染有一定的抵抗力，一旦受到感染可使妊娠率低下或妊娠中止；母猪感染 PRRSV 后，最先出现的症状是厌食，体温升高达 41.5 ℃ 左右，同时表现呼吸困难、咳、喘，然后就出现流产、早产（妊娠 104～112 d），产死胎、木乃伊胎和弱仔等繁殖障碍症状；产死胎、木乃伊胎的母猪占分娩母猪数的 50.3%（18.5%～84.1%），说明本病的危害性之大。

（3）哺乳仔猪的症状　哺乳仔猪往往是经胎盘感染后生下的弱仔发病，这种弱仔多在产后 24 h 内死亡。不论是早产、正产、延期产出的仔猪，3～4 d 后就出现毛焦、消瘦、鼻唇干燥。这些猪表现呼吸困难、体温升高、发抖，四肢做游泳状姿势，站立不起，腹泻，无力吸乳，死亡率高。

（4）保育—生长猪的症状　这个阶段感染 PRRSV 以后，常突然出现厌食，体温升高达 40.0～41.5 ℃，眼眶水肿、发绀呈蓝紫色，吻突发绀呈蓝紫色，耳发绀呈蓝紫色的"三蓝"现象。皮肤毛孔出血或坏死、干涸。公猪阴囊、母猪阴户也常发绀。还有少数患猪出现贫血、黄疸症状。这一阶段的猪很少出现呼吸困难，经解热和抗病毒治疗，临床症状可以消失，增重缓慢，部分病猪症状消失后，过一段时间会出现反复，无继发感染症状者死亡率较低。

（5）成年公猪的症状　PRRSV 感染成年公猪一般不出现临床症状，只有在种公猪频繁配种、体质消瘦和有其他继发感染时才会出现厌食、体温升高或阴囊出血发绀、性欲下降、精子数量减少及活力下降等情况。

（6）带毒感染问题　成年公猪感染 PRRSV 后虽一般不表现临床症状，但从感染后 1～4 d 就向外排毒，由于公猪的品种不同，向外排毒的时间也不同。有报道介绍：大约克夏公猪的散毒时间短，一般为 3～12 d。公猪感染后散毒传染其他猪，也可通过胎盘垂直感染，造成流产、早产、产死胎、木乃伊胎和产下带毒的弱仔。

特别要注意的是：PRRS 弱毒疫苗接种健康猪后，能向外散毒，种公猪可通过精液散毒，妊娠母猪可垂直感染和向外排毒感染仔猪。

4. 防控措施　对猪群免疫接种是目前预防和控制 PRRS 的主要措施，市场销售的疫苗有灭活苗和弱毒苗两种。一般认为弱毒活苗比灭活苗免疫效力好，但弱毒活苗可从免疫猪传播给非免疫猪，可能通过胎盘垂直感染，也可能通过精液排毒。从实践的结果看，当猪场发生 PRRS 以后，应用 PPRS 弱毒活苗紧急免疫注射，在短时间内病猪会有明显好转，在 1 年内免疫接种 3 次，疫情能控制住。如果猪场没有 PRRS，则以使用灭活苗为好。

五、猪圆环病毒病

1. 病原　猪圆环病毒（PCV）属于圆环病毒科圆环病毒属，是目前已知的最小的动物病毒，是一种无囊膜、单链、环状 DNA 病毒，能够在哺乳动物细胞中自主复制。PCV 有 3 个型：PCV1、PCV2 和 PCV3，其中 PCV1 没有致病性，广泛存在于猪体内及猪源传代细胞系。PCV2 有致病性，目前已知有 5 个亚型，我国流行的基因型有 PCV2a、PCV2b、PCV2d、PCV2f，以 PCV2b、PCV2d 为优势基因型。PCV3 是 2016 年美国首先报道的新病原。目前在我国猪场，PCV3 抗原阳性率达 12.7%，血清阳性率达 49.02%（翁善钢，2017）。

2. 流行特点　作为 PCV2 的自然宿主，不同年龄、品种和性别的猪都可感染。猪群中 PCV2 感染率高，但多为隐性感染，少数出现临床症状，出现症状受体外多种因素，如猪体的免疫水平和营养状态、病毒毒力、各种环境因素及其病原微生物混合感染等的显著影响。带毒猪可通过粪尿、呼吸道分泌物、乳汁、精液、唾液、胎盘向外传播病毒，病毒可通过消化道和呼吸道传播，还可经胎盘垂直传播给胎儿。PCV2 在我国普遍流行，多见于保育仔猪。而且抗体阳性率随猪体年龄增长而升高，但在临床上出现症状的主要是断乳前后的仔猪。不同年龄、品种和性别的猪都可感染 PCV3，但以妊娠母猪和仔猪更易感染。

3. 临床症状　PCV2 发生后，断乳后 1 周内发生猪圆环病毒病和仔猪腹泻，发病率为 30%～90%，死亡率为 10%～50%；仔猪出生后发生先天性震颤及腹泻等；育肥猪多见发生皮炎肾病综合征和呼吸道病综合征；母猪发生繁殖障碍。PCV3 可导致母猪出现厌食症状，皮肤出现多灶性丘疹、斑点和浅表性皮炎，生产性能下降；妊娠母猪发生繁殖障碍，如流产、产弱胎、死胎、木乃伊胎和弱仔猪，病情严重者甚至会急性死亡，出现多器官系统的功能紊乱。

4. 防控措施　猪圆环病毒病的发生除自身病原外，其他病原的混合感染或继发感染、环境因素、饲养管理等也是重要的诱因，因此，采取严格的生物安全措施，改善饲养环境，提高管理水平，预防控制病原体的入侵，是有效防控猪圆环病毒病的关键。需要做到：严格检疫与消毒；严格执行全进全出制，以防交叉感染；减少应激因素；做好免疫防疫，应用圆环病毒疫苗可显著提高猪群的健康状况，降低发病率和死亡率。发生圆环病毒病应立即对可疑猪进行隔离饲养，以防交叉感染，及时对症治疗。

六、猪伪狂犬病

1. 病原　猪伪狂犬病病毒（PRV）属于疱疹病毒科 α-疱疹病毒属，为有囊膜病毒。病毒对外界环境抵抗力很强，如在液体或固体表面至少可存活 7 d，在猪舍干草上，夏季和冬季分别存活 30 d 和 46 d。在猪尿液、唾液、鼻液和猪场污水中，分别在 14 d、4 d、2 d 和 1 d 仍具有感染力。

2. 流行特点　伪狂犬病病毒可感染多种动物，包括家猪、野猪、牛、羊、犬、猫等。病毒可通过污染的饲料和饮水，经消化道传播。可通过飞沫传播。公猪感染后精液可携带病毒。伪狂犬病毒可通过妊娠母猪胎盘感染胎儿，引起流产和死胎。易感动物间能够相互传染。

3. 临床症状　伪狂犬病的症状取决于被感染者的年龄，年龄不同症状也不一样。妊娠母猪感染伪狂犬病主要表现流产、产死胎和木乃伊胎，其中以产死胎为主。新生仔猪发病，多见于出生后第 2 天开始发病，第 3～5 天是死亡高峰期，19 日龄内仔猪感染后病情较严重，常常死亡。猪龄越小，感染后死亡率越高。病仔猪常表现明显的神经症状，昏睡、呕吐、腹泻。断乳以后的仔猪发病症状较轻，常表现厌食、高热、喷嚏、咳嗽、呼吸困难等呼吸道病状，偶尔也出现震颤、共济失调等神经症状和呕吐、腹泻，死亡率在 10%～20%。公猪患病主要表现睾丸炎。

4. 防控措施 注重生物安全，防止病原传入和传播，加强引种检疫，做好猪销售环节的车辆和用具消毒，定期消灭鼠类，无害化处理病猪，防止病原扩散。免疫是预防和控制本病的重要措施。通过基因缺失标记疫苗研制与应用，配套使用区分野毒感染猪与免疫猪的鉴别诊断试剂盒，已检出和淘汰野毒感染猪等净化技术与措施。

七、猪流行性腹泻

猪流行性腹泻是由猪流行性腹泻病毒（PEDV）引起的，是当前国内仔猪危害最为严重的传染性疾病，每年由 PED 引起的仔猪死亡而造成的经济损失巨大。

1. 病原 PEDV 属于冠状病毒科 α-冠状病毒属，为有囊膜的单股正链 RNA 病毒。病毒基因组约 28 kb，由 7 个开放阅读框和 5′ 和 3′ 末端组成，ORF1a/b 占 5′ 端基因组全长的 2/3，主要功能是指导基因组的复制、转录和病毒多聚蛋白的加工。其余的 ORF 依次编码 S、ORF3、E、M、N。该病毒主要以经典毒株 CV777 及其亲缘较近的毒株为主，近年来，PEDV 毒株不断变异形成地区特有的流行毒株，从而导致疫苗株 CV777 免疫失败。

2. 流行特点 PED 流行经历了从小范围流行欧洲（1977—1988）与亚洲东部（1990—2000），再到泰国暴发（2007—2008），中国变异株流行（2010—2013），世界变异株流行（2013—2016）5 个阶段。中国变异株在 2010 年开始，从南方几个省猪群中暴发，随后扩散到其他省份。

3. 临床症状 引起猪腹泻，对仔猪的危害较为严重，造成大量仔猪死亡，并因腹泻等原因出现僵猪而影响育肥猪生产性能。

4. 防控措施 目前，对 PED 还没有有效的药物治疗，在生产实践中除了做好经常性的生物安全措施，进行疫苗免疫接种外，预防哺乳仔猪腹泻时可以从母猪和仔猪两方面着手处理。加强母猪管理：净化母猪体内携带的各种病原体，提高其非特性免疫力，保证初生仔猪的健康；猪舍消毒；母猪进行免疫接种，初生仔猪可从初乳中获得母源抗体获得保护。加强仔猪管理：做好仔猪的保温；对症治疗和药物治疗；补充人工乳。同时加强猪场生物安全工作。

八、猪支原体肺炎

猪支原体肺炎俗称猪气喘病，是由猪肺炎支原体引起的猪的一种慢性、接触性传染病。

1. **病原** 1965 年首次分离获得猪肺炎支原体，才确定该病的病原体为支原体。猪肺炎支原体属支原体目支原体科支原体属，革兰氏阴性，是一种没有细胞壁，但能自我复制的原核生物。姬姆萨染色呈多形性，有球状、环状、杆状、点状和两极状，大小不等。

2. **流行特点** 猪气喘病仅发生于猪，不同品种、年龄、性别的猪均能感染，以哺乳猪和幼猪最易感，其次是妊娠后期的母猪和哺乳母猪，育肥猪发病较少。病原体存在于病猪的呼吸道及其分泌物中，伴随着病猪咳嗽、气喘和喷嚏的分泌物排出体外，形成飞沫，经呼吸道感染健康猪。病原体在猪体内存活的时间长，病猪在症状消失后半年至 1 年多仍可排毒。

猪支原体肺炎一年四季都有发生、流行，没有明显的季节性，但以寒冷的冬天、早春、晚秋发病较多。新疫区常呈暴发性流行，并多为急性经过；老疫区多为慢性经过。卫生条件和饲养管理差是造成本病发生的重要因素。继发感染巴氏杆菌病、传染性胸膜肺炎、副猪嗜血杆菌病等导致病情加重，死亡率升高。

3. **临床症状** 潜伏期，即肺部出现病变的时间，人工感染为 5～10 d，自然感染为 11～16 d。主要症状以干咳、喘、腹式呼吸为主，尤其在早、晚、夜间、运动、驱赶、气候突变时，表现明显，有黏性、脓性鼻液，严重时呼吸加快，出现呼吸困难、张口伸舌、口鼻流白沫、发出喘鸣声、呈犬坐姿势。无继发感染时，体温一般正常。病程一般为 15～30 d，慢性者可达半年以上。病猪的康复与卫生条件好坏有关，条件差时并发症多，病死率高。一般情况下体温正常，继发感染时体温升高。食欲一般也没有变化。

4. **防控措施**

（1）**疫苗预防** 目前，市场上主要的猪气喘病疫苗为常规全菌体疫苗，包括弱毒苗及灭活苗，弱毒苗需要胸腔、鼻腔或肺内注射，免疫期长，预防效果显著；灭活苗通过肌内注射，免疫效果良好，临床常用。

（2）**药物控制** 可采用药物控制和预防猪气喘病，多种抗生素对本病的治疗有效，但抗生素能控制疾病的发展，不能去除呼吸道或痊愈后器官中的病原体。此外，加强和完善猪场的饲养方式和饲养管理，做到养猪生活各阶段的全进全出，避免饲喂发霉变质的饲料，使用高质量的饲料，提高猪群的营养水平，同时加强消毒卫生工作，也有助于该病的防控。

第三节　主要寄生虫病的防控

一、肠道线虫病

寄生于猪肠道的线虫主要有猪蛔虫、类圆线虫、猪结节虫、猪鞭虫和猪肾虫。前两种主要寄生在小肠内，第三、四种寄生在大肠内，最后一种多寄生在输尿管和肾。

（一）猪蛔虫病

猪普遍感染猪蛔虫，但主要危害仔猪，使仔猪发育不良，甚至形成僵猪，造成死亡。猪蛔虫寄生于猪小肠中，为淡红色或淡黄色大型线虫，体表光滑，中间稍粗、两端较细，虫体长 15～40 cm，直径 3～5 mm，雄虫尾端似鱼钩状，雌虫尾直。虫卵随粪便排出体外，发育成含幼虫的感染性虫卵。猪吞食感染性虫卵后幼虫在小肠内逸出，钻入肠壁，经血液循环进入肝发育，再经血液循环进入右心，经肺动脉到肺泡生长发育后，沿支气管、气管上行到咽，进入口腔，再次被吞下，在小肠内发育为成虫。成虫在猪体内寄生 7～10 个月。

仔猪感染蛔虫症状明显，主要表现咳嗽，呼吸和心跳加快，体温升高，食欲减少，营养不良，消瘦，变为僵猪，少数出现全身性黄疸。虫体阻塞肠道或进入胆管时，表现疝痛症状。有的猪出现阵发性、强直性痉挛，兴奋等神经症状。成年猪感染猪蛔虫一般无明显症状。剖检感染蛔虫的患病猪，可见幼虫在猪体内移行时损害的路径，组织和器官出血、变性坏死，常见肝组织致密，肝表面有灰色幼虫移行的遗迹、出血点、坏死灶；蛔虫性肺炎；小肠内有成虫；胆道中有蛔虫时可造成胆道阻塞，肝黄染、变硬。

（二）类圆线虫病

类圆线虫寄生于小肠，分布很广，是危害哺乳仔猪的重要寄生虫。只有孤雌生殖的雌虫寄生，成虫很小，长 3.3～4.5 mm。幼虫可经皮肤钻入，经口、初乳及胎盘感染，经胎盘感染是新生仔猪的主要感染途径；发生胎盘感染时，出生后 2～3 d 即可出现严重感染。被感染的仔猪，临床上常见腹泻和脱水，严重感染时，10～14 日龄前的仔猪生长停滞、发育不良，并可发生死亡。

（三）猪结节虫病

猪食道口线虫的幼虫在大肠形成结节，故称猪结节虫。该虫广泛存在，虫体为乳白色或暗灰色小线虫，雄虫长 6.2～9 mm、雌虫长 6.4～11.3 mm。虫卵随粪便排出体外，发育成感染性幼虫，猪吞食后受到感染，该虫致病力虽弱，但哺乳仔猪感染或育成猪严重感染时会引发结肠炎，粪便中带有黏膜，腹泻，特别是幼虫寄生在大肠壁上会形成直径 1～6 mm 的结节，破坏肠道的结构，使肠管不能正常吸收养分（含水分），造成患猪营养不良、贫血、消瘦、发育不良、衰弱。

（四）猪鞭虫病

家猪和野猪是猪鞭虫的自然宿主，人及灵长类也可感染，猪鞭虫是影响养猪业健康发展的一个普遍问题。成年雌虫长 6～8 cm、雄虫长 3～4 cm，虫体前 2/3 部分细，长约 0.5 mm，深深钻入肠黏膜中；后部短粗，长约 0.65 mm，形似鞭子，故称鞭虫。卵呈腰鼓形。鞭虫感染可引起肠细胞破坏，黏膜层溃疡，毛细血管出血，常继发细菌感染；可抑制机体对常在菌的黏膜免疫力，导致发生坏死性增生性结肠炎。临床表现食欲减少，腹泻，粪便带有黏液和血液，脱水和死亡。

（五）猪肾虫病

猪肾虫是猪有齿冠尾线虫的别称。该虫是热带和亚热带地区平地养猪的主要寄生虫，分布广泛，危害严重，常呈地方性流行。虫体粗壮，似火柴杆状，棕红色、透明，虫体长 2～4.5 cm。寄生于肾盂、肾周围脂肪和输尿管壁等处的包囊中，虫卵随尿液排出，在外界发育成感染性幼虫，经口腔、皮肤进入猪体，在肝发育后进入腹腔，移行到肾、输尿管等组织中形成包囊，发育为成虫。感染猪肾虫的病猪初期出现皮肤炎，皮肤上有丘疹和红色小结节，体表淋巴结肿大，消瘦，行动迟钝；随着病程发展，后肢无力，腰背软弱无力，后躯麻痹或后肢僵硬，跛行，喜卧。尿液中有白色黏稠絮状物或脓液。公猪不明原因的跛行，性欲减退或无配种能力。母猪流产或不孕。剖检常见肾盂有脓肿，结缔组织增生，有包囊，内有成虫。

二、其他寄生虫病

(一) 猪疥螨病

猪疥螨病又称猪疥癣、癞病，是由猪疥螨引起的一种接触传染的体表寄生虫病。分布很广，几乎所有猪场都有，能引起猪剧痒及皮肤炎，使猪生长缓慢，降低饲料转化率，因此，防治该病具有重要经济意义。

疥螨虫寄生在皮肤深层由虫体挖掘的隧道内，虫体呈淡黄色，长 0.2～0.5 mm、宽 0.14～0.35 mm，背面隆起，腹面扁平并长有 4 条短粗的圆锥形肢，前端有一个钝圆形口器。病猪是传染源，虫体离开猪体后可存活 3 周左右，通过直接接触和环境感染。

病变多由头部开始，常发生在眼圈、颊部和耳等处，尤其在耳郭内侧面形成结痂性病灶，有时蔓延到腹部和四肢。剧烈瘙痒，患猪常在圈墙、栏柱等处擦痒，患部常擦出血，严重者可引起结缔组织增生和角质化，导致脱毛、皮肤增厚，尤其在经常摩擦的腰窝部位，形成结痂，结痂如石棉样，松动地附着在皮肤上，内含大量螨虫，皮肤发生龟裂。患猪休息不好、食欲减退、营养不良、消瘦，甚至死亡。

根据症状和皮肤病变可做出初步诊断。确诊可在皮肤患部与健康部交界处用刀片刮取痂皮，直至稍微出血为止。直接涂片或沉淀检查。

(二) 猪囊尾蚴病

猪囊尾蚴病又称猪囊虫病，是由寄生于人体内的猪带绦虫的幼虫寄生于猪、人等体内的一种人兽共患寄生虫病。有猪囊虫的猪肉不能食用，经济损失较大。

本病多见于散养放牧猪、连厕圈猪和人拉散粪的地区，猪吃了带有绦虫孕卵节片或虫卵的人粪便，六钩蚴从寄生在小肠内的虫卵内逸出，钻入肠壁，经血流到达身体各部，发育成囊尾蚴，寄生在肌肉中最多。猪患囊尾蚴病一般不表现明显的症状。在屠宰或剖检时在嚼肌、腰肌、膈肌、心肌等肌肉内可见有白色泡粒，大小如米粒状，内有一头节，故称"米星猪"。

(三) 旋毛虫病

旋毛虫病是由旋毛虫幼虫和成虫引起的人和多种动物共患的一种寄生虫

病。人吃了生的或未煮熟的含旋毛虫包囊的肉引起感染。猪吞食了含旋毛虫的老鼠或生肉引起感染。

旋毛虫成虫很小，寄生于小肠，故称肠旋毛虫；幼虫寄生于横纹肌，故称肌旋毛虫。肌旋毛虫在肌肉中外被包囊，包囊呈梭形，呈螺旋锥状盘绕。旋毛虫病主要是人的疾病，猪自然感染后肠旋毛虫影响很小，肌旋毛虫一般无临床症状。

由于猪旋毛虫对人类危害严重，在公共卫生方面有重要意义，是肉品检疫的重要项目之一。

预防猪感染旋毛虫的措施是灭鼠，禁用混有生肉屑的泔水喂猪，防止饲料受鼠类污染；预防人的感染要严格肉品卫生检疫，不吃生肉及未熟化的肉，切生肉和切熟肉的刀具、案板要分开，及时清洗抹布、案板、刀具等。

（四）猪弓形虫病

弓形虫病是由龚地弓形虫引起的人与多种动物共患的原虫病。在猪中常出现急性感染，危害严重。

弓形虫为细胞内寄生性原虫，发育需两个宿主，人和猪等多种动物是中间宿主，猫是终末宿主。猫食入含包囊形虫体的动物组织或发育成熟的卵囊，在肠内进行繁殖后，形成卵囊，随粪便排出体外，污染饲料、饮水等，人、猪等食入后，在肠中发育，经淋巴液循环进入有核细胞，在细胞质内进行无性繁殖，形成部分包囊形虫体，引起发病。

各种品种、年龄的猪均可感染本病，但常发于 3～5 月龄的猪。可以通过胎盘感染，引起怀孕母猪早产、产出发育不全的仔猪或死胎。临床症状与猪流感、猪瘟相似。病初体温可升高到 40～42 ℃，稽留 7～10 d；食欲减少或完全不食，大便干燥；耳、唇、四肢下部皮肤发绀或淤血；呼吸加快，咳嗽，吻突干燥；常因呼吸困难、口鼻流白沫、窒息而死亡。猪长期咳嗽，呈神经症状，有的耳边干性坏死，有的失明。

弓形虫病的病理剖检变化主要是肺水肿，肺小叶间质增宽，小叶间质内充满半透明胶冻样渗出物，气管和支气管内有大量黏液性泡沫，有的并发肺炎；全身淋巴结肿大，切面湿润，有粟粒大灰白色或黄色坏死灶，其中，肠系膜淋巴结呈囊状肿胀；肝稍肿，呈灰白色，散布有小点坏死；脾略肿，呈棕红色。

从临床和病理剖检变化很难诊断弓形虫病，必须进行实验室检查。

预防弓形虫有两点很重要：一是灭鼠；二是消灭野猫和不让家猫进入猪场。治疗本病可用磺胺类药物，有较好的效果。

（五）细颈囊尾蚴病

本病是由细颈囊尾蚴寄生于猪、牛、羊等的肠系膜、网膜和肝表面等处引起的一种绦虫蚴病。

本病分布广泛，凡养犬的地方，猪一般都会患本病。病原体为寄生在终末宿主犬类动物小肠内的泡状带绦虫的细颈囊尾蚴。患猪一般不表现明显症状，只有在屠宰或剖检时可见肝、网膜、肠系膜上有鸡蛋大小的囊泡，形似"水铃铛"，泡内充满透明的囊液，因此本病又称"水铃铛"。

（六）棘球蚴病

本病是由细粒棘球绦虫的幼虫——棘球蚴，寄生于猪、牛、羊等家畜以及人的各种脏器内的人畜共患寄生虫病。

犬、猫等是细粒棘球绦虫的终末宿主，猪吃入被犬、猫粪便中的细粒棘球绦虫的卵污染的饲料、饮水而感染此病。

屠宰或剖检时可见肝、肺表面凹凸不平，此处能找到棘球蚴，切开有液体流出，内有不育囊、生发囊和原头蚴。

（七）猪肺虫病

猪肺虫病对猪有危害，特别是对仔猪危害大，严重感染可引起肺炎，造成咳嗽及呼吸障碍。

猪肺虫呈细丝状、乳白色，寄生于支气管、细支气管及肺泡，故该病又称为肺丝虫病。蚯蚓为中间宿主，猪吞食感染性幼虫或含感染性幼虫的蚯蚓而感染。

轻度感染肺丝虫的猪症状不明显，严重感染时，表现强烈的阵咳、呼吸困难，特别在运动和采食后剧烈。

剖检可见肺膈叶腹面边缘有楔状气肿区，支气管壁增厚、扩张，靠气肿区有坚硬的白色小结节，支气管内有黏液和虫体。

剖检时在支气管及肺组织中发现细丝状虫体可确诊该病，疑似该病时用沉淀法或漂浮法检查粪便中的虫卵。虫卵呈椭圆形、棕黄色，卵壳表面粗糙不平，内含一蜷曲的幼虫。

预防本病发生的主要措施是防止猪食入蚯蚓。

第四节 常见普通病的防控

一、仔猪低糖血症

仔猪低糖血症是仔猪血糖浓度过低而引起的一种代谢性疾病，又称乳猪病。临床上以明显的神经症状为主要特征。新生仔猪对血糖浓度非常敏感，因此本病主要发生于1～7日龄的新生仔猪。本病多发于春季，秋季较少。

1. 病因 主要原因是哺乳不足。最常见的原因是母猪妊娠期间饲养管理不当，引起母猪少乳或无乳；母猪不让仔猪吮乳或仔猪头数多而母猪乳头少而吃不到母乳，使仔猪饥饿而发病；仔猪因患大肠杆菌病、链球菌病、传染性胃肠炎等疾病，摄乳减少，兼有糖吸收障碍而引发此病；此外，出生后7 d内的仔猪糖原异生能力差，是此病发生的内在因素。

据研究，仔猪肠道内缺少消化乳汁所必需的乳酸杆菌，引起消化不良，也是本病发生的因素；圈舍温度过低、潮湿等是诱发本病的主要因素。

新生仔猪在生后第一周内，因其糖代谢调节机能发育不全，糖原异生能力差，肝糖原储存少，血糖主要来源于母乳和胚胎期间储存的肝糖原的分解，如果哺乳不足，有限的能量储备很快耗尽，极易导致低糖血症的发生。仔猪血糖含量低时，首先脑组织受影响，病猪呈现抽搐、昏迷等症状。另外，低血糖导致肌糖原不足，三磷酸腺苷生成减少，肌肉收缩无力，病猪四肢软弱，卧地不起。因肌肉、肝产热减少，病猪体温降低。

2. 症状

（1）仔猪多在出生后1～2 d发病，有的可在3～4 d发生。常见同窝仔猪30%～70%发病，亦有全窝发病。

（2）病初被毛粗乱，精神沉郁，四肢无力，肌肉震颤，运动失调，停止吮乳，离群伏卧或钻入垫草昏睡；皮肤发冷苍白，体温低下，常在37 ℃或更低；颈下、胸腹下及后肢等处皮下水肿；后期病猪表现痉挛抽搐，磨牙虚嚼，口吐白沫，眼球震颤，头向后仰或扭向一侧，四肢僵直或做游泳样动作；最后昏迷不醒，意识丧失，很快死亡，病程不超过36h。

3. 防治 预防本病要加强妊娠母猪的饲养管理，尤其是妊娠后期应给予营养全价的饲料，及时治疗乳房炎。仔猪出生后应尽快吃足初乳并按体质强弱固定乳头。当仔猪过多时应尽早寻找代乳母猪或进行人工哺乳。在冬季和早春产出的仔猪，生后第 1 天和第 3 天各口服 25%～50% 的葡萄糖溶液 10 mL，有良好的预防效果。

二、仔猪贫血

仔猪贫血又称仔猪营养性贫血或仔猪缺铁性贫血，是哺乳仔猪由于缺铁所发生的一种营养性贫血。临床上以血红蛋白含量降低，红细胞数减少，以及皮肤、黏膜苍白为主要特征。本病多发生于 2～4 周龄的哺乳仔猪；以冬、春季节多发，特别是猪舍以木板或水泥为地面而不采取补铁措施的集约化猪场发病率较高，发病率可达 30%～50%，有的甚至达 90%，死亡率可达 1%～20%。

1. 病因　新生仔猪体内铁贮存量低，且出生后由于仔猪生长发育迅速，需铁量大。仔猪 1 周龄时体重为出生重的 1 倍，3～4 周龄则增重 4～6 倍。全血容量亦随体重增长而相应增长，1 周龄时比出生时增长 30%，到 3～4 周龄时则几乎成倍增加。为合成迅速增长的血红蛋白，每天需铁 7～15 mg，而母乳中供铁不足，哺乳仔猪在生后 3 周内，从母乳中仅能获铁 23 mg，即平均每天获铁约 1 mg，远远不能满足快速生长对铁的需要。如果仔猪不接触土壤，又没有补充铁剂，母猪营养不良，铜制剂补充不足等，均可引起发生本病。

2. 症状及诊断

（1）一般在 2 周龄发病，开始出现贫血。

（2）发病后精神沉郁，离群伏卧，食欲减退，体温不高，消瘦，被毛粗乱无光。可视黏膜苍白，轻度黄染，光照耳壳呈灰白色，几乎看不到血管，针刺亦很少出血。呼吸增数，脉搏疾速，心区听诊可听到第一心音增强或有贫血性杂音，稍微活动即心搏亢进，喘气不止。

（3）血液色淡而稀薄，不易凝固。红细胞数减少至 3×10^{12} 个/L 以下；血红蛋白含量降至 20～40 g/L。

（4）本病常于 2 周龄表现症状，3～4 周龄病情加重，5 周龄开始好转，6～7 周龄康复。6 周龄仍不好转的，大多预后不良，多死于腹泻、肺炎、贫血性心肌病等继发症。

3. 防治

（1）治疗主要是补充铁制剂：可用右旋糖酐铁注射液（每毫升含铁 50

mg）或葡聚糖铁钴注射液。可配合使用维生素 B_{12}、叶酸等进行治疗。

（2）妊娠母猪分娩前 2 d 至产后 28 d 的 1 个月期间，每天补饲硫酸亚铁 2～4 g。虽然初乳和乳汁中铁含量并没有增加多少，但仔猪可通过采食母猪的富铁粪便而获取铁质。

猪舍若是水泥地面，仔猪生后 3～5 d 即应给予补铁，方法是将铁铜合剂涂抹在母猪的乳头上，任其自由舔吮，或逐头按量灌服。出生后 3 d 一次肌内注射葡聚糖铁钴 100 mg，预防效果更加确实。

4. 安全用药

（1）硫酸亚铁口服对胃肠道有刺激性，可引起食欲减退、腹泻、腹痛等，故宜于饲后投药；用药量不宜过大，因铁与肠内的硫化氢结合，生成的硫化铁具有收敛作用，易产生便秘；如发生便秘，应停药数天。

（2）右旋糖酐铁注射液的刺激性较强，应深部肌内注射。用量过大时可引起毒性反应，表现不安、出汗、呼吸加快甚至发热。

三、胃肠炎

胃肠炎是胃肠黏膜及其深层组织的重剧性炎症。临床上以体温升高、剧烈腹泻、消化紊乱等全身症状为特征。

1. 病因　胃肠炎的病因多种多样，大多数是由于细菌、病毒、霉菌、寄生虫等所引起。非病原菌所引起的胃肠炎主要是由于饲养管理不当，饲料品质不良，饲料调制不当，饲料或饲养方式突变等。另外，采食了蓖麻、巴豆、刺槐和针叶植物的皮、叶等有毒植物，误食酸、碱、磷、汞、铅等有刺激性的化学物质等，也可引起胃肠炎的发生。本病还可继发于某些急性、热性传染病，如猪瘟、猪丹毒、仔猪副伤寒、猪蛔虫病等。在治疗肠便秘时，反复大量投服泻剂或灌服蓖麻油、番泻叶、巴豆等刺激性强的药物，往往也可继发胃肠炎。当受寒感冒、圈舍潮湿、粪尿污染、长途运输等使猪体防御机能降低时，易受到沙门氏菌、大肠杆菌、坏死杆菌等条件致病菌的侵袭，也易引起胃肠炎。

2. 症状　轻度胃肠炎主要表现消化不良，粪便带黏液。严重的病猪由于炎症波及黏膜下层，表现精神沉郁，体温升高，食欲明显减少或废绝，饮欲增加，口腔干燥，有恶臭气味，脉搏、呼吸数增加，多发生呕吐，腹部有压痛或呈现轻度腹痛症状。

腹泻是本病的主要症状，粪稀似水样，内含血液或黏液，恶臭。病初肠音

亢盛，以后肠音减弱。病至后期，肛门松弛，失禁自痢，里急后重，病猪股后沾满粪便，频频努责，常造成直肠脱。腹泻严重者出现脱水现象，病猪眼球下陷，皮肤弹性减退，血液黏稠，末梢发紫，尿少色黄，虚弱多卧。出现中毒症状者，多有神经症状，肌肉震颤、痉挛或昏迷。

以胃及小肠炎症为主的病例，腹泻症状不明显，甚至粪球干小，口臭，有黄污色舌苔，可视黏膜黄染。有时继发液胀性胃扩张。

3. 诊断 本病的特征为剧烈腹泻，体温升高，全身症状严重，结合病因及观察粪便的性质，可做出诊断。

4. 治疗 首先应消除病因。治疗原则是以消炎杀菌、补液解毒为主，辅以清理胃肠、止泻、强心止痛等。

（1）抗菌消炎 常用抗菌药有磺胺脒、磺胺甲唑、多西环素、土霉素、喹诺酮类、罗红霉素等。

（2）收敛止泻 病初粪便腥臭者，不宜止泻。当粪稀如水，腥臭味不大，不带黏液时，可给予止泻剂。用磺胺脒 3～4 g，活性炭 10～20 g，颠茄酊 2～3 mL，加水适量，一次内服。对粪中带血者，可加入云南白药（0.2～0.5 g）内服。

（3）输液疗法 有脱水症状者，应予以静脉注射复方盐水、葡萄糖生理盐水等。

第八章
猪场建设与环境控制

第一节　养猪场选址与建设

一、猪场选址

1. 地势地形　猪场的场地要高燥，避风向阳，开阔整齐，有足够的面积。坡度以 1%～3% 为宜，最大不超过 25%。

2. 土质　要求透气透水，未受病原微生物的污染。兼具沙土和黏土的优点，是理想的建场土壤。

3. 水源　要求水量充足，水质良好，满足猪场需水量（表 8-1）。

表 8-1　不同类型猪的需水量

类型	每头饮用量（L/d）	每头总需要量（L/d）
种公猪	10	40
妊娠母猪	12	40
带仔母猪	20	75
断乳仔猪	2	5
生长猪	6	15
育肥猪	6	25

4. 电力　选址时必须考虑具有可靠的电力供应，并要有备用电源。

5. 交通　猪场每天都要使用大量的饲料（从外购进），每天都要排出大量粪便，经常有成批猪要运出销售，故交通对猪场十分重要，几乎是养猪业的命脉。所以，选址时应选择在交通便利的地方建场，但应与交通干道、村庄、居民区、工业区等保持一定距离。

6. 卫生防疫间隔　猪场应离主要干道 400 m 以上，距居民点、工厂 1 000 m 以上。距其他养殖场应在数十千米以上；距屠宰厂和兽医院宜在 2 000 m 以上。禁止在旅游区及工业污染严重的地区建场。

猪场最好远离城市，在农村或山区建场；另外，在建场时一定要将控制猪粪便污染作为首要问题予以考虑。

二、猪场总体规划

猪场场址选择好后，下一步工作就是猪场总体规划。猪场规划要求实行生态规划，即按生态养猪的原理进行总体规划和设计，将现代猪场建成封闭或半封闭的以养猪生产为核心的生态养殖圈。

猪场总体规划十分重要，其核心部分主要是由"三区两道"组成，另外配以相应的配套设施，具体布局如下。

（一）功能分区——"三区两道"

1. "三区"

（1）生活管理区　该区是场部经营管理和技术决策中心，领导办公和职工生活等活动所在地。生活管理区应位于猪场的最上风向，以免受到不良空气的污染。

（2）生产区　生产区是猪场的生产核心，是猪养殖中心区。

现代规模化、工厂化养猪场的生产区主要由种公猪车间、空怀妊娠母猪车间、母猪分娩车间、仔猪保育车间、生长育肥猪车间等组成。

生产区位于生活管理区的下风向，粪便处理区的上风向。各车间在生产区内排列顺序一般视生产规模和生产方式等因素而定，如是实行工厂化养猪，则应根据工厂化养猪生产流水线而定。

（3）隔离及粪便处理区　该区主要是由病猪隔离舍、猪尸体剖检及病死猪火化炉（或其他处理）、猪粪便处理及沼气池等组成；从常年风向考虑，该区设于三个区的最下风向；从地势考虑，该区是三个区中地势最低的区域。

2. "两道"——料道、粪道　料道又称为净道，粪道又称为污道。在进行猪场道路规划时，一定要注意料道与粪道分开，决不可两道不分，交叉污染，导致猪发病率和死亡率高。

（1）料道——净道　一般位于猪场生产区中部，规划时多将料道与猪场中心大道合二为一，每次饲养员用饲料车从饲料调制车间将饲料从料道（中心大道）运向两边的猪舍，所以路两旁可种植树木和行道花。

（2）粪道——污道　粪道是每天将各养猪车间粪便运向隔离及粪便处理区的专门小道，多设在中心大道两边猪舍的末端。

（二）猪舍朝向和间距

1. 猪舍朝向　除南沙群岛外，我国主要处于北半球北纬15°～55°，各地区猪舍朝向应主要参考我国建筑朝向的地区要求等行业法规而定。

（1）有窗猪舍　从自然光照和常年主导自然风向的采集两大要素考虑，猪舍方向应坐北朝南，以便最大限度地采集自然光和自然风。

（2）无窗密闭式猪舍　因高度集约化、工厂化的无窗密闭式猪舍，是完全采用人工控制猪舍各种小气候生态因子的高科技猪舍，不受外界自然气候的影响，所以猪舍的朝向无关紧要。

2. 猪舍间距　猪舍间距大小主要考虑采光、通风、防火及卫生防疫等因素。自然风吹过某建筑物之后，一般在经过 4～5 倍该建筑物高度的距离处，方可恢复原有的风速。设计时一般将这一距离作为建筑物之间的通风间距；这样的通风间隔作为采光、防火间隔也基本符合要求。

（三）绿化、美化设施

现代化养猪场在总体规划时十分重视绿化、美化设施的配置与布局，绿化面积一般占全场总面积的 30％左右，以便最大限度地吸收猪场有害气体、净化空气、美化猪场环境及夏季防暑降温等。为了进一步美化猪场环境，很多猪场还在生活管理区设置假山、喷泉等美化设施。

（四）占地面积

规模化、工厂化猪场占地面积由喂料、饮水、清粪等饲养工艺及机械化、自动化程度的高低所决定。

三、猪场平面布局

猪场总体规划制定好后就可以进行总体布局了，即在猪场的场址上进行

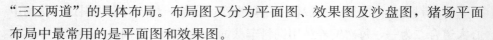

"三区两道"的具体布局。布局图又分为平面图、效果图及沙盘图，猪场平面布局中最常用的是平面图和效果图。

1. 猪场平面图　根据猪场实际场址、饲养规模、"三区两道"等猪场布局有关参数，在绘图纸上或电脑上绘出猪场平面布局图。

2. 猪场效果图　随着规模化、工厂化养猪场的要求越来越高，传统的在绘图纸上绘出的猪场平面布局图已远远不能满足规模化、工厂化猪场建筑设计的要求，需根据平面布局图进一步绘制出猪场效果图。

3. 沙盘　在中、小型猪场布局时，通常有上述两种图就可以了。但在大型猪场布局时，由于规模大、猪场内部功能分区多，还需设置配套的沙盘，以确保猪场布局的完整性、精确性、直观性。可将上述两种图送建筑设计部门，委托他们进行沙盘制作。

第二节　猪场建筑的基本原则

一、猪舍的形式

1. 按屋顶形式分类　可分为钟楼式、单坡式、双坡式等。

2. 按墙的结构和有无窗户分类　可分为开放式、半开放式和封闭式。

3. 按猪栏排列分类　可分为单列式、双列式和多列式。

二、猪舍的基本结构

一个完整的猪舍，主要由墙壁、屋顶、地面、门、窗、粪尿沟、隔栏等部分构成。

1. 墙壁　砖砌墙较为理想：水泥勾缝，离地 0.8～1.0 m 水泥抹面。东、西山墙，南、北围墙以及舍内猪栏隔墙。在我国中南部地区肉猪舍也可砌半墙。

2. 屋顶　多数猪舍的屋顶是人字形或拱顶形。人字形顶采用钢架或水泥钢筋混凝土屋架，屋顶盖瓦，瓦下是一层油毡和纤维板等。平顶用钢筋混凝土浇筑，务必要保暖、隔热、防漏。还可以采用轻钢结构活动厂房，屋顶用彩钢，美观耐用。

在我国中南部地区提倡人字形屋顶，这样的猪舍空间大，夏季通风换气好，有助于防病、防暑，可明显提高猪的成活率和生长速度。

3. 地板（面） 规模化养猪场多采用漏缝地板，如水泥漏缝地板、塑料漏缝地板、金属漏缝地板等。可明显提高猪的成活率和生长速度，且卫生、环保。

4. 粪尿沟 开放式猪舍的粪尿沟要求设在前墙外面；全封闭、半封闭（冬天扣塑棚）猪舍的内粪沟需加盖漏缝地板，外粪沟封闭。粪尿沟的宽度应根据舍内面积设计，不少于 30 cm，坡度不少于 5%。

5. 门窗

（1）开放式猪舍运动场前墙应设有门，高 0.8～1.0 m，宽 0.6 m。

（2）我国各地半封闭式猪舍窗的大小无统一规定，应根据当地气候进行设计，基本原则是：①南窗相对较大，北窗相对较小；②北方地区猪舍的南墙窗多为立式窗，北墙窗多为横式窗；南方猪舍的南窗和北窗都可为立式窗。

（3）全封闭猪舍仅在饲喂通道侧设门，门高 1.8～2.0 m，宽 1.2 m。全封闭猪舍应是无窗猪舍，舍内完全自动化控制小气候；这类猪舍经实践证明，具有很多优点，但其最大的缺点是电费成本太高，且一旦停电后果严重。

6. 隔栏 猪舍内应建隔栏，隔栏材料基本是两种：砖砌墙水泥抹面或钢栅栏。

（1）公猪栏与配种栏 可采用待配母猪与公猪分别相对隔通道配置。

（2）母猪栏 生产中有两种式样：群饲栏和单体栏。保种场常用群体栏。

（3）产仔栏 采用高床母猪产仔栏，这种栏设在离地面 20 cm 高处。金属网上设有限位架、仔猪围栏、仔猪保温箱、饮水器、补料槽等。

（4）保育栏 我国广泛采用高床网上保育栏，它能给仔猪提供一个清洁、干燥、温暖、空气清新的生长环境。

7. 走道 走道设置依舍内猪栏列数而定，如：单列式设一条走道；双列式则需设 3 条走道，中间一条（1～1.2 m 宽），两边各一条（0.9 m 宽）。

8. 运动场

（1）传统农村养猪可设立舍外运动场。

（2）规模化、工厂化养猪一般不设运动场。

三、猪舍的类型

1. 种公猪车间

（1）传统公猪舍 一般为单列半开放式，内设走廊，外有小运动场，以增加种公猪的运动量，一圈一头。

（2）工厂化公猪舍（车间） 不设运动场；采用完全舍内封闭饲养，每天定时赶到专用公猪跑道上运动。

2. 空怀、妊娠母猪车间

（1）传统小群饲养 空怀、妊娠母猪最常用的一种饲养方式是分组小栏群饲，一般每栏饲养空怀母猪 4～5 头、妊娠母猪 2～4 头。圈栏的结构有实体式、栏栅式、综合式 3 种，猪圈布置多为单走道双列式。

猪圈面积一般为 7～9 m²，地面坡度不要大于 3%，地表不要太光滑，以防母猪跌倒。也可单圈饲养，一圈一头。

（2）规模化、工厂化空怀、妊娠母猪车间 空怀、妊娠母猪采用高密度饲养，饲养在限位单体栏内。

3. 母猪分娩车间（产房） 母猪分娩车间（产房）内设有分娩栏，布置多为两列或三列式。

母猪分娩栏（床）中间部分是母猪限位架，两侧是仔猪采食、饮水、取暖等活动的地方。

母猪限位架的前方是前门，前门上设有食槽和饮水器，供母猪采食、饮水，限位架后部有后门，供母猪进入及清粪操作。可在栏位后部设漏缝地板，以排除栏内的粪便和污物。

4. 仔猪保育车间 保育猪舍多采用网上保育栏，通常每窝一栏网上饲养（以免互相打斗），用自动落料食槽。保育栏由钢筋编织（或工业塑料）的漏缝地板网、围栏、自动落食槽等组成。

5. 生长育肥猪车间 生长育肥猪舍均采用大栏地面群养方式，双面食槽自由采食；生长育肥猪车间多采用密闭式猪舍结构形式。

（1）设计原则 造价低，方便；不积水、不打滑，墙壁光滑易于清洗消毒；屋顶应有保温层。

（2）设计规模 最好一栋 10～15 间，饲养育肥猪 200～300 头。

（3）饲养方式 每栏 10～12 头小群饲养，猪苗进圈后训练定点排粪；自动料槽喂干料或颗粒料，自由采食；自动饮水器饮水。

（4）清粪方式 育成猪转育肥舍后，要训练其定点排粪。每天定时将粪清理至粪车上推走，不要堆在舍前清粪口下，以免污染墙壁和地面。尿及污水由地漏流入舍前盖有盖板的污水沟，污水沟在每栋舍的一端设沉淀池，上清液流入猪场总排污管道汇至污水池，经厌氧、需氧和沙滤及人工湿地处理后达标排放。

（5）栏墙设计　南北栏墙为24 cm的砖砌水泥扶面的格棱花墙，中央走廊的通长栏为钢栏，以利通风，相邻两栏的隔栏为12 cm的砖砌水泥扶面实墙，以防相邻两栏猪接触性疫病的传播。也有很多大中型猪场其相邻两栏的隔栏也是采用钢栏，以利通风。

（6）环境控制措施

①养殖大户　夏季猪舍南北开放部分用塑料网或遮阳网密封，既通风又防蚊蝇；冬季上面覆盖塑料薄膜保温（包括南北格棱花墙），舍内污浊空气由屋顶通气孔排出。冬季利用温室效应基本可满足育肥猪的环境温度要求，夏季中午温度过高时，应在栏舍上方设塑料管，每栏安装一个塑料喷头，进行喷雾降温。

②规模化、工厂化猪场　多是采用湿帘＋轴流风机或喷雾系统进行猪舍环境控制。

第三节　猪舍设备及环境调控

一、猪舍主要设备

1. 种公猪、空怀、妊娠母猪车间的主要设备　该养猪车间设有公猪栏、空怀妊娠母猪栏及配种栏，将3～4头母猪养在同一个母猪栏内的各单体栏中；公猪养在相邻的猪栏内，公猪栏兼作配种栏（或另设配种栏），以节省猪舍，大幅度提高猪舍利用率及情期受胎率。

（1）单体栏　单体栏由金属材料焊接而成，一般栏长2 m，宽0.65 m，高1 m。

（2）小群饲养栏　小群饲养栏的结构可以是混凝土实体结构、栏栅式或综合式。小群饲养栏面积根据每栏饲养头数而定，一般为7～15 m²。

2. 母猪分娩车间的主要设备　分娩栏的尺寸与母猪品种有关，长度一般为2～2.2 m，宽度为1.7～2.0 m；母猪限位栏的宽度一般为0.6～0.65 m，高1.0 m。仔猪活动围栏每侧的宽度一般为0.6～0.7 m，高0.5 m，栏栅间距5 cm。产仔分娩栏内设有仔猪保温箱，保温箱内配备加热保温设备。

3. 仔猪保育车间的主要设备

（1）小型猪场　断乳仔猪多采用地面饲养的方式，但寒冷季节应在仔猪卧息处铺干净软草或将卧息处设火炕。

（2）大、中型猪场　多采用高床网上培育栏，一般采用工业塑料漏粪地板或金属编织网漏粪地板。仔猪保育栏通常由围栏、自动食槽和漏粪地板组成。相邻两栏共用一个自动食槽，每栏设自动饮水器。这种保育栏能保持床面干燥清洁，减少仔猪的发病率，是一种较理想的保育猪栏。仔猪保育栏的栏高一般为 0.6 m，栏栅间距 5～8 cm，面积因饲养头数不同而不同。

4. 生长育肥猪车间的主要设备　生长育肥栏有多种形式，其地板多为混凝土结实地面或水泥漏缝地板条，也有采用 1/3 漏缝地板条，2/3 混凝土结实地面。混凝土结实地面一般有 3% 的坡度。生长育肥栏的栏高一般为 1～1.2 m，采用栏栅式结构时，栏栅间距为 8～10 cm。

5. 饮水设备　猪用自动饮水器的种类很多，有鸭嘴式、杯式、乳头式等。由于乳头式和杯式自动饮水器的结构和性能不如鸭嘴式饮水器，目前普遍采用的是鸭嘴式自动饮水器。

6. 饲喂设备

（1）水泥固定食槽　农村一些养猪农户，为了减少投资成本，多采用水泥固定食槽。多设在隔墙或隔栏的下面，由走廊添料，滑向内侧，便于猪采食。饲槽一般为长方形，每头猪所占饲槽的长度应根据猪的种类、年龄而定。

（2）方形自动落料饲槽　多用于规模化、工厂化猪场。方形落料饲槽有单开式和双开式两种。单开式的一面固定在靠近走廊的隔栏或隔墙上；双开式则安放在两栏的隔栏或隔墙上。自动落料饲槽一般由镀锌铁皮制成，并以钢筋加固，否则极易损坏。

（3）圆形自动落料饲槽　圆形自动落料饲槽用不锈钢制成，较为坚固耐用，底盘也可用铸铁或水泥浇注，适用于高密度、大群体生长育肥猪舍。

二、猪舍环境调控

（一）生态环境因子

1. 温度　适宜的温度是猪高产的前提条件，相对其他生态条件，温度对猪影响最大。猪从小到大，随着年龄的增长，对温度要求由高到低。初生仔猪及整个哺乳期，皮薄毛稀，体温调节机能又不健全，很怕冷，生产中初生仔猪冻死或受冷导致腹泻的情况很多。有条件的猪场应对仔猪进行人工保温,初生仔猪一般30～32 ℃,1周龄27～28 ℃,2周龄24～26 ℃。育肥猪皮下有脂肪层,猪汗腺又不发达,气温高时极易中暑死亡,理想温度以15～16 ℃为宜。所以夏天要用自来水冲洗猪体降温,每天2～3次,以防育肥猪中暑。

2. 湿度　猪舍小气候第二大生态环境因子是湿度。猪不喜欢长期生活在潮湿条件下,否则会引发腹泻、感冒及其他疾病。尤其是高温高湿最适合细菌繁殖而引起猪群发病(每年夏天梅雨季节因高温高湿极易引发猪群生病)。

我国中、大型猪场大多采用高床漏缝地板,猪舍卫生、干净。猪舍小气候中最佳湿度为60%～70%,所以猪舍设计时应考虑猪饮水、喂料、大小便等各环节都要保持干燥卫生。

3. 光照　平时白天主要靠门、窗采光,故设计定位应以自然采光为主。

光照不只供猪舍照明用,而且适宜的光照度(100～150 lx)可明显提高公猪精液品质。

育肥猪光照不能强,以免影响休息,所以育肥猪舍灯光要暗,饲养员能看见喂料就行了。

4. 有害气体　猪舍的有害气体包括:猪呼出的二氧化碳、水蒸气,猪粪便分解产生的氨气、硫化氢等,这些有害气体,严重污染猪舍小环境,不但会使猪发病率升高,而且会使猪增重缓慢、生殖能力下降、引发眼炎等。所以在设计猪舍时,既要考虑猪舍保温,又要考虑合理通风以便及时排出有害气体。

5. 气流

(1) 在炎热天气,气流有助于猪体散热,合理的通风对猪体健康生长十分必要。尤其在我国南方地区,做好夏季通风换气以防猪中暑死亡尤为重要。

(2) 在冬季低温条件下,猪舍内气流会将猪体热量带走,加重猪的寒冷刺激,极易引起猪感冒,受凉腹泻,抵抗力下降而继发其他疾病。冬季猪舍最怕穿堂风。

所以在设计猪舍时,必须考虑做到适度通风和冬暖夏凉。

6. 噪声　猪是胆小的动物,休息时,突然的声响或大声喧哗都会引起惊群。母猪喂乳时听到噪声,其泌乳量会大幅度下降。噪声还可引起猪增重速度明显下降,引发母猪流产等。

7. 灰尘和微生物　猪舍中的灰尘和微生物一部分是由舍外空气带入,更多的是猪在舍内活动、吃料、排泄及用粉料喂猪时产生。特别是农村养猪时，冬季在猪舍使用稻草等，会产生大量灰尘，这些灰尘和灰尘中携带的大量病菌常可引起猪大规模发病。

（二）主要环境调控设备

规模化猪场主要环境调控设备包括：喷雾降温系统和湿帘＋轴流风机系统；冲洗消毒设备、加热保温设备等。

第九章
猪场废弃物处理与资源化利用

一、污水的处理

（一）沼气（厌氧）—还田模式

1. 适用范围　畜禽粪污或沼液还田作肥料是一种传统、经济的处置方法，可以在不外排污染的情况下，充分循环利用粪污中有用的营养物质，改善土壤中营养元素含量，提高土壤的肥力，增加农作物的产量。分散小规模养殖方式的畜禽粪污处理大多是采用这种方法。这种模式适用于远离城市、经济比较落后、土地宽广的猪场。养猪场周围必须要有足够的农田消纳沼液。要求猪场养殖规模不大，一般出栏规模在 2 万头以下，当地劳动力价格低，冲洗水量少。

2. 工艺流程　沼气（厌氧）—还田模式工艺流程如图 9-1 所示。

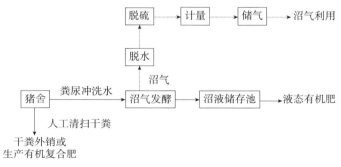

图 9-1　沼气（厌氧）—还田模式工艺流程

3. 关键问题　主要包括以下 4 个关键点。

第 1 个关键点：猪场周围要有足够的土地，即要考虑周围土地的承载力。一些欧美国家对土地厌氧消化残余物（沼渣、沼液）的承载力有明确的规定

（表 9-1）。我国上海、北京以及江苏等地也对畜禽粪污土地承载能力进行了研究，提出了土地承载能力（表 9-2）。

表 9-1　相关国家关于土地对厌氧消化残余营养物质承载力的规定

国家	氮每公顷年最大负荷	需要储存的时间	强制的施用季节
奥地利	100 kg	6 个月	2 月 28 日—10 月 25 日
丹麦	牛：170 kg；猪 140 kg	9 个月	2 月 1 日至收获
意大利	170～500 kg	3～6 个月	2 月 1 日—12 月 1 日
瑞典	基于畜禽数量	6～10 个月	2 月 1 日—12 月 1 日
英国	250～500 kg	4 个月	
法国	150 kg		
美国	第一年 450 kg，以后 280 kg	12 个月	

表 9-2　我国部分地区畜禽污染土地承载能力

地区	土地承载能力
上海	粮食作物，每年每公顷 11.25 t 猪粪当量 蔬菜作物，每年每公顷 22.5 t 猪粪当量 经济林，每年每公顷 15 t 猪粪当量
江苏	大田，氮 40 kg/亩 *，五氧化二磷 18 kg/亩 大棚，氮 80 kg/亩，五氧化二磷 32 kg/亩
北京	粪肥 2～3 t/亩

第 2 个关键点：沼渣沼液的经济运输距离。粪肥的经济运输距离为猪粪 13.3 km、鸡粪 43.9 km、牛粪 5.2 km。丹麦沼气工程的沼渣沼液运输距离一般在 10 km 以内。规模化猪场冲洗水量大约是猪粪的 10 倍，处理后沼渣沼液的经济运输距离在 2 km 以内。

第 3 个关键点：沼渣沼液的储存。必须要有足够容积的储存池来储存暂时没有施用的沼渣沼液，不能向水体排放废水。一些欧美国家要求的粪肥或沼渣沼液储存时间可参考表 9-1。

第 4 个关键点：沼渣沼液还田利用的标准。目前，我国还没有制定沼渣沼液作为肥料还田利用的标准。环保部门往往套用《农田灌溉水质标准》（GB 5084—1992）要求：对于水作，化学耗氧量（COD）<200 mg/L，生化需氧

---

* 亩为非法定计量单位，1 亩≈667 m²。

量（BOD）＜80 mg/L，凯氏氮＜12 mg/L，总磷（以磷计）＜5.0 mg/L；对于旱作，COD＜300 mg/L，BOD＜150 mg/L，凯氏氮＜30 mg/L，总磷（以磷计）＜10.0 mg/L。畜禽粪污处理后沼液基本达不到这个要求。尽管新的《农田灌溉水质标准》（GB 5084—2005）取消了氮、磷指标的要求，但是将有机物指标提高了：对于水作，COD＜150 mg/L，BOD＜60 mg/L；对于旱作，COD＜200 mg/L，BOD＜100 mg/L。这两个标准比《畜禽养殖业污染物排放标准》（GB 18596—2001）的要求还要严格，沼液也很难达到这些要求，如果能达到这些标准，也就能达标排放了。因此沼液还田利用仍然存在法律障碍。

4. **优缺点** 沼气（厌氧）—还田模式的主要优势在于：①污染物零排放，最大限度实现资源化利用；②可以减少化肥施用，增加土壤肥力；③耗能低，无需专人管理；④运转费用低。

但是，沼气（厌氧）—还田模式也存在以下问题：①需要有大量土地利用沼渣沼液，出栏万头猪场至少需要 66.67hm² 土地消纳沼渣沼液，因此受条件限制，适应性不强；②雨季以及非用肥季节还必须考虑沼渣沼液的储存；③存在着传播畜禽疾病和人畜共患病的危险；④不合理的施用方式或连续过量施用会导致硝酸盐、磷及重金属的沉积，从而对地表水和地下水造成污染；⑤恶臭以及降解过程产生的氨、硫化氢等有害气体会对空气环境构成威胁。

（二）沼气（厌氧）—自然处理模式

1. **适用范围** 猪场粪污经过厌氧消化（沼气发酵）处理后，再采用氧化塘、土地处理系统或人工湿地等自然处理系统对厌氧消化液进行后处理。这种模式适用于离城市较远，经济欠发达，气温较高，土地宽广，地价较低，有滩涂、荒地、林地或低洼地可作粪污自然处理系统的地区。养殖场饲养规模不能太大，对于猪场而言，一般年出栏在 5 万头以下为宜，以人工清粪为主，水冲为辅，冲洗水量中等。

2. **工艺流程** 沼气（厌氧）—自然处理模式工艺流程如图 9-2 所示。

3. **关键问题** 沼气（厌氧）—自然处理模式主要利用氧化塘的藻菌共生体系以及土地处理系统或人工湿地的植物、微生物净化粪污中的污染物。由于生物生长代谢受温度影响很大，其处理能力在冬季或寒冷地区较差，不能保证处理效果。因此，沼气（厌氧）—自然处理模式的关键问题是越冬。

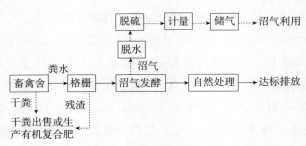

图 9-2 沼气（厌氧）—自然处理模式工艺流程

表 9-3 展示了某规模化养猪场采用厌氧—自然处理模式处理猪场粪污的效果。从不同季节的出水水质可以看出，夏季、秋季的处理出水均能达到《畜禽养殖业污染物排放标准》（GB 18596—2001）。但是在冬天，化学耗氧量、生化需氧量等有机污染物指标能达到排放标准，而氨态氮、总磷离达标还有一定距离，冬季的处理效果不稳定。

表 9-3 某规模化养猪场沼气（厌氧）—自然处理粪污的效果

指标	春季	秋季	冬季	标准允许排放浓度*
pH	6.84	7.62	7.62	6~9
悬浮物（mg/L）	22.00	80.00	90.00	200
化学耗氧量（mg/L）	100.00	267.00	330.00	400
生化需氧量（mg/L）	4.40	11.00	31.0	150
氨态氮（mg/L）	1.32	17.20	149.0	80
硝态氮（mg/L）	1.12	0.057	0.47	
亚硝态氮（mg/L）	1.50	5.30	1.60	
总氮（mg/L）	4.79	88.50	188.00	
总磷（mg/L）	2.08	7.16	11.50	8

*《畜禽养殖业污染物排放标准》（GB 18596—2001）。

4. 优缺点　沼气（厌氧）—自然处理模式的主要优势在于：①运行管理费用低，能耗少；②污泥量少，不需要复杂的污泥处理系统；③没有复杂的设备，管理方便，对周围环境影响小，无噪声。

沼气（厌氧）—自然处理模式主要存在以下缺点：①土地占用量较大；②处理效果易受季节温度变化的影响；③有污染地下水的可能。

（三）沼气（厌氧）—需氧处理模式（工业化处理模式）

1. 适用范围　沼气（厌氧）—需氧处理模式的畜禽养殖粪污处理系

统由预处理、厌氧处理（沼气发酵）、需氧处理、后处理、污泥处理及沼气净化、储存与利用等部分组成。需要较为复杂的机械设备和要求较高的构筑物，其设计、运转均需要具有较高知识水平的技术人员来执行。沼气（厌氧）—需氧处理模式适用于地处大城市近郊、经济发达、土地紧张、没有足够的农田消纳粪污的地区。采用这种模式的猪场规模较大，养猪场一般出栏在5万头以上，当地劳动力价格昂贵，主要使用水冲清粪，冲洗水量大。

2. 工艺流程　沼气（厌氧）—需氧处理模式工艺流程如图9-3所示。

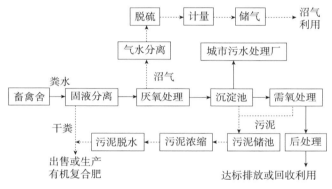

图9-3　沼气（厌氧）—需氧处理模式的工艺流程

3. 关键问题　猪场废水经过厌氧处理后，采用需氧生物处理工艺直接处理厌氧消化液的去除效果很差。

中国农业科学院邓良伟曾采用序批式活性污泥法（SBR）直接处理猪场废水厌氧消化液，污染物的去除效果很差，COD去除率仅8.31%，氨态氮（NH_3-N）去除率78.67%；出水COD、NH_3-N均很高，分别为1 169 mg/L、158 mg/L（表9-4）。邓良伟等对其他研究者采用SBR直接处理猪场废水厌氧消化液的结果进行比较（表9-5）后发现，猪场废水经过厌氧消化后，再利用SBR工艺进行厌氧消化液需氧后处理，硝化作用易导致处理系统酸化，致使SBR出水pH降至6.0左右，有时甚至低于5.0，造成反应器工作不稳定。随着试验的推进，后期处理效果持续恶化。NH_3-N去除率为70%～90%，出水NH_3-N浓度高于100 mg/L；COD最高去除率为50.0%左右，出水COD浓度一般在1 000 mg/L以上。出水水质不能达到《畜禽养殖业污染物排放标准》（GB 18596—2001）。

表 9-4　序批式活性污泥法（SBR）直接处理厌氧消化液的去除效果

项目	进水（mg/L）	出水	去除率（%）
化学耗氧量	1 275±180	1 169±135	8.31
氨态氮	741±35.2	158±46.2	78.67

表 9-5　研究者采用 SBR 处理猪场废水厌氧消化液的小试结果

项目	COD (mg/L)	NH$_3$-N (mg/L)	pH	去除率（%）		资料来源
				COD	NH$_3$-N	
进水	1 429.1~1 440.9	1 393.7~1 422.0	8.00~8.14	71.5~73.0	55.0~57.3	杨虹等
出水	389.3~407.3	594.9~634.8	5.46~5.68			(2000)
进水	592~1 560	449~911	7.20~7.50	−59.0~35.6	67.4~88.9	Edgerton 等
出水	540~1 349	100~232	4.60~6.50			(2000)
进水	2 794	575	7.75	58.4	31.3	NgWG 等
出水	1 161	180	5.91			(1987)

邓良伟开发了 Anarwia 工艺畜禽粪污处理专利技术（专利授权号 ZL200410040855.3）。该工艺已经成功用于某养殖场废水处理，该工程日处理存栏 12 万头猪（年出栏 20 万头育肥猪）猪场的废水 3 000 t（表 9-6）。Anarwia 工艺处理工程对化学耗氧量、氨态氮的去除率达到 98% 以上，生化需氧量去除率达到 99% 以上，悬浮物去除率达到 97% 以上，总氮去除率达到 93% 以上。出水化学耗氧量、生化需氧量、氨态氮、悬浮物分别低于 350 mg/L、20 mg/L、15 mg/L、120 mg/L，达到《畜禽养殖业污染物排放标准》（GB 18596—2001）。

表 9-6　Anarwia 工艺处理猪场废水的运行效果

项目	进水	厌氧处理	SBR	总去除率
COD（mg/L）	5 616~9 965	711~1 423	216~341	>98%
BOD（mg/L）	3 960~4 460	168~278	11.2~19.9	>99%
NH$_3$-N（mg/L）	278~1 114	348~1 029	2.4~9.9	>98%
总氮（mg/L）	754~1 415	590~917	51.8~51.9	>93%
悬浮物（mg/L）	2 310~5 410	510~960	70~110	>97%
pH	7.1~7.5	7.2~7.5	6.6~7.5	

4. 优缺点　沼气（厌氧）—需氧处理模式的主要优势在于：①占地少；

②适应性广，不受地理位置限制；③季节温度变化的影响比较小。

沼气（厌氧）—需氧处理模式的缺点主要表现在：①投资大，万头猪场的粪污处理，需投资 150 万～200 万元；②能耗高，处理 1 m³ 污水耗电 2～4 kW·h；③运转费用高，处理 1 m³ 污水运转费 2.0 元左右；④机械设备多，维护管理量大；⑤需要专门的技术人员进行运行管理。

二、粪便的处理

猪粪发酵处理是减少猪粪污染、资源化利用猪粪的前提。猪粪发酵既可采取自然发酵的方法，也可采取人工发酵的方法。自然发酵可在猪粪中加入一些益生菌进行发酵，发酵过程中产生的高温能够杀死病原微生物；人工发酵是在加入益生菌的同时，用稻壳、木屑、稻草等进行搅拌发酵。发酵好的猪粪可用于种植蔬菜、果树，也可用于养殖蚯蚓、蝇蛆、黑水虻等。

1. 直接用于果树、蔬菜的种植肥料　猪粪在进行发酵处理后，特别是在添加有益菌、稻壳、木屑等搅拌发酵处理后，猪粪中的蛋白质等有机物得到一定程度的分解，臭味得到有效改善，可用于果树、蔬菜的种植。但这种方法虽然在很大程度上降低了猪粪直接用于种植业时对土壤的破坏，但也存在过量施用造成土壤板结的现象。

2. 生产蚯蚓与蚯蚓粪　猪粪可用于养殖蚯蚓，蚯蚓是一种具有多种用途的环节动物，同时养殖蚯蚓后的猪粪变为松软的蚯蚓粪，在制作生物有机肥方面具有极大的优势。蚯蚓的蛋白质含量高，含有蚯蚓抗菌肽、蚓激酶等多种活性物质，具有多种生物学功能；蚯蚓直接饲喂鸡、鸭等动物可显著提高其生长速度，增强抗病能力；制成蚯蚓液可用于制作抗菌物和植物叶面肥。蚯蚓粪可用于生产动物蛋白饲料，其中含有蚯蚓活性物质，且氮、磷、钾比例合适，用于制备果蔬生物有机肥可提高产量、改善果蔬品质和修复土壤等。中小型猪场将猪粪发酵处理后用于养殖蚯蚓，是一种既可以有效减少猪粪污染，又能够最大限度地利用猪粪，实现猪场效益最大化的好方法。

3. 养殖蝇蛆　猪粪用于蝇蛆养殖时，既可生产蝇蛆，处理后的猪粪变为蝇蛆粪也具有较好的用途。蝇蛆具有较高的蛋白质含量，其蛋白质组成中各种必需氨基酸的含量都较高，蝇蛆粉用作蛋白饲料可与优质鱼粉媲美；蝇蛆体内含有蝇蛆抗菌肽，用作饲料养殖动物可显著提高动物的抗病能力；蝇蛆体内的甲壳素在生物医药领域也具有较多用途。蝇蛆粪可用于制作生物有机肥，制成

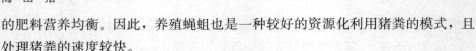
的肥料营养均衡。因此，养殖蝇蛆也是一种较好的资源化利用猪粪的模式，且处理猪粪的速度较快。

4. 养殖黑水虻　猪粪也可用于养殖黑水虻，黑水虻是一种较好的蛋白质饲料原料，能够制备多种动物饲料。黑水虻处理猪粪具有速度快、处理相对彻底的特点，处理后的猪粪能够直接用于种植业。

中小型猪场猪粪资源化利用方法可结合自身具备的土地、栏舍以及周边情况等进行综合选择。

第十章
品种开发利用与品牌建设

第一节　品种资源开发利用现状

据史书记载，我国饲养梅山猪已有至少 500 多年的历史了，经过数百年的选育，逐步育成现在的梅山猪。1980 年 1 月 4 日上海市嘉定县科学技术委员会（现上海市嘉定区科学技术委员会）会同嘉定县畜牧局召开梅山猪选育成果鉴定会，听取了嘉定县种畜场 1962—1979 年梅山猪选育工作汇报，查询了有关资料，一致认为根据 1972 年全国猪育种科研协作组工作会议制定的规划，梅山猪作为太湖猪的一个类群，按照全国九大猪种的选育指标如期完成并通过鉴定。20 世纪 80 年代梅山猪在国际上产生较大反响以后，其分布遍布江苏全省及国内很多省市，随着原产地社会经济的快速发展，梅山猪饲养逐渐北移，其中江苏省的南通、徐州、泰州、苏州分布较多。梅山猪是优秀的地方猪种质资源，2000 年 8 月 23 日，农业部公布国家级畜禽品种资源保护名录，收录了太湖猪（二花脸、梅山猪）；2004 年梅山猪再次被收录于国家级畜禽遗传资源保护名录；2011 年收录于《中国畜禽遗传资源志·猪志》。

太湖流域纯种地方猪的育肥效果较差，但用引进的国外种公猪杂交后，都能获得较好的杂种优势。在太湖猪原产地部分农村地区，20 世纪 50 年代起开始采用中型约克夏猪与地方猪杂交生产商品猪；50 年代后期至 60 年代，大量利用杂种母猪，出现了相当数量的血缘不清的杂种母猪；70 年代起逐步恢复了使用地方猪与外种公猪的杂交，生产一代杂种肉猪；到 70 年代末 80 年代初，随着国外瘦肉型猪种的引进，江、浙、沪三地都进行了瘦肉型公猪与地方母猪间的二元和三元杂交试验，筛选出一批生产性能高、有

一定推广价值的瘦肉型杂交组合。与此同时，上海、苏州等地为解决地方猪纯繁所得阉公猪生长缓慢、销路不畅等问题，进行了地方猪品种间杂交配合力试验，筛选出具有显著杂种优势的品种间杂交组合，取得了较好的效果。80年代以来，国内外引进太湖猪的国家和地区日益增多，也都进行了地方猪杂交利用的研究。通过杂交，利用后代产生的杂种优势，生产生活力强、经济效益高的商品猪。

梅山猪具有早熟、产仔多、母性好和肉质鲜美等优点，但也存在生长缓慢、体质不够结实等缺点，而外来种猪一般具有瘦肉率高、生长快、饲料利用率高等优点，且两者之间的遗传差异较大，杂交效果更加显著，通过杂交生产可发挥各自的优势，从而获得优秀的组合。以梅山猪为母本，国外瘦肉型猪为父本开展二元杂交、三元杂交等在生产中广泛应用。在梅山猪开发利用上，部分供港产区还采用四元杂交方式生产瘦肉猪。

一、地方品种间杂交

梅山猪与枫泾猪、沙乌头猪、嘉兴黑猪等同属太湖猪，利用类群间杂交是为了获得比梅山猪纯种更有效的经济杂交母本，同时减轻纯种阉公猪生长缓慢的经济损失，在开发商品猪生产中具有一定的实用意义。

上海市地方猪种杂交配合力研究协作组于1977—1980年，进行了松江和金山的枫泾猪、嘉定县的梅山猪、崇明县的沙乌头猪等地方品种间杂交配合力试验（表10-1、表10-2）。各闭锁群间的杂交，在日增重和饲料利用率等性能方面表现出显著的杂种优势。杂种肉猪的日增重比纯种肉猪提高10%，好的组合如松江枫泾猪×嘉定梅山猪组的日增重比梅山猪纯种提高20.53%；松江枫泾猪×崇明沙乌头猪组的日增重比沙乌头猪纯种提高13.81%；地方品种间杂种肉猪的每千克增重耗料比比纯种降低8%～9%。类群间杂种母猪比太湖猪纯系母猪具有生长快、仔猪育成率高、一代杂种肉猪生长快等优点，产生了较好的社会效益和经济效益。

表 10-1 太湖猪类群间杂交杂种优势率

组合		日增重（%）	每千克增重需料（%）	屠宰率（%）
父本	母本			
枫泾（松江）	梅山（嘉定）	＋24.47	15.42	＋0.54
枫泾（松江）	枫泾（金山）	＋12.83	−9.24	＋0.20

组合		日增重（%）	每千克增重需料（%）	屠宰率（%）
父本	母本			
枫泾（松江）	沙乌头（崇明）	+12.11	−12.00	+0.88
梅山（嘉定）	枫泾（松江）	+3.86	−2.10	+0.99

表 10-2　太湖猪类群间杂交试验结果

组合		头	日增重（g）	比母本提高（%）	每千克增重需料（kg）	比母本降低（%）	屠宰率（%）	比母本提高（%）
父本	母本							
枫泾（松江）	梅山（嘉定）	12	520.83	+20.53	3.62	−8.35	65.69	+4.06
枫泾（松江）	枫泾（金山）	14	468.69	+10.01	3.98	−4.33	66.47	+2.67
枫泾（松江）	沙乌头（崇明）	16	447.08	+13.81	3.96	−9.81	67.00	+7.54
梅山（嘉定）	枫泾（松江）	12	434.58	+7.38	4.19	−9.11	65.99	−2.31

二、二元杂交

二元杂交即 2 个品种杂交，用 2 个不同品种的公母猪交配生产商品猪。为了筛选出既能适应当地农村饲养条件，又能获得较好产肉性能的杂交组合，20 世纪 80 年代初江苏、浙江、上海普遍进行了地方品种母猪与外来瘦肉型公猪间的二元杂交组合试验。

（一）中型梅山猪二元杂交

1987 年开展以中型梅山猪为母本的二元杂交试验，结果表明，在日粮 DE12.995 MJ/kg、CP18% 的条件下，在杜洛克×梅山、汉普夏×梅山、长白×梅山、大约克夏×梅山和苏白×梅山 5 个杂交组合中，汉梅杂交组合的日增重、饲料利用率和胴体品质等方面均优于其他组合。与中型梅山猪比较，其日增重提高 33.4%，每千克增重配合饲料降低 4.29%，胴体瘦肉率提高 22.93%，胴体皮、骨比率分别降低了 51.6% 和 14.09%，眼肌面积提高 58.24%（表 10-3）。

宁锦弟等（1986）以梅山猪为母本与引进的苏白、长白、汉普夏、杜洛克、大约克夏等瘦肉型公猪杂交，比较分析了杜梅、长梅、汉梅、大梅等杂交一代母猪（表 10-4），生产三元杂交仔猪，4 种杂交组合头胎之间表现的繁殖性能各项指标差异不显著，与梅山猪纯种母猪的繁殖力相近，梅山猪在繁殖性

表 10-3 梅山猪（中型）为母本二元杂交肉猪的育肥性能和胴体品质

| 父本 | 头数 | 始重 (kg) | 末重 (kg) | 每千克增重需 | | | | 屠宰头数 | 屠宰率 (%) | 胴体重 (kg) | 平均背膘厚 (cm) | 眼肌面积 (cm²) | 胴体瘦肉率 (%) | 胴体脂肪率 (%) | 胴体皮率 (%) | 胴体骨率 (%) |
				平均日增重 (g)	配合料 (kg)	消化能 (MJ)	可消化蛋白质 (g)									
杜洛克	6	21.96	93.43	644	3.63	48.03	509	6	70.98	63.0	3.96	23.55	50.22	27.43	10.27	12.08
汉普夏	6	22.04	91.42	667	3.35	45.59	483.2	6	71.2	61.17	3.75	30.73	54.09	25.45	8.04	12.44
长白	6	22.88	92.08	623	3.75	51.07	541.4	6	70.74	61.79	4.28	23.78	45.89	32.63	9.18	12.34
大约克夏	6	23.21	90.54	667	3.49	47.59	504.9	6	71.7	60.42	3.68	29.25	47.88	31.57	9.0	11.59
苏白	6	24.04	91.75	691	3.61	45.18	522.0	6	70.98	61.13	4.08	20.52	48.11	31.40	9.79	10.74
中梅山	6	21.67	91.13	500	3.50	47.76	506.0	6	67.75	56.75	3.42	19.42	44.0	24.01	16.61	14.48

能上表现出较好的杂交配合力。

表 10-4　梅山二元杂交一代母猪头胎繁殖力

组合	产仔数（头）	产活仔数（头）	窝重（kg）	体重（kg）	45 日龄	
					育成数（头）	窝重（kg）
杜梅	12.62±0.605	12.15±0.585	14.79±0.825	1.22	8.80±0.27	77.36±2.89
长梅	12.07±0.539	11.71±0.497	14.78±0.754	1.26	8.30±0.28	89.65±4.39
汉梅	11.73±1.054	11.55±1.048	15.20±0.912	1.32	9.30±0.39	79.87±3.39
大梅	11.29±1.629	11.14±1.624	12.93±2.071	1.16	8.57±0.37	79.42±3.66
平均	12.02±0.854	11.71±0.832	14.60±1.018	1.25	8.73±0.32	82.12±3.59
梅梅	12.37±0.499	11.75±0.469	11.91±0.696	1.01	9.81±2.01	89.59±6.53

（二）小型梅山猪二元杂交

小型梅山猪具有体型较小、结实紧凑、皮薄骨细、多产和瘦肉多等特点。20 世纪 80 年代，上海市畜牧兽医站阚耀良等利用汉普夏猪与小型梅山猪开展开发利用研究。

汉小梅母猪是由瘦肉型汉普夏猪与小型梅山猪的二元杂交母猪。汉小梅母猪基本保持了其母本小型梅山猪乳头多、性成熟早和繁殖性能高等优点，如平均乳头数（15.52±1.09）个，平均初情期（132.5±12.61）日龄，出生 8 月龄即可正常配种繁殖。在人工授精条件下初产母猪和经产母猪受胎率分别达 84.62％和 91.3％。在较大规模的生产条件下，初产母猪平均产仔（10.56±3.89）头，产活仔数（10.14±3.42）头，断乳成活 9.91 头；经产母猪平均产仔（13.67±3.01）头，产活仔数（12.82±2.79）头，断乳成活（11.95±2）头。平均每头生产母猪提供断乳仔猪 23.12 头，年提供断乳总窝重 425.23 kg。

汉小梅母猪体型中等，成年体重（138.25±9.93）kg，哺乳期正常失重率 18.85％±5.28％。断乳后 3 周迅速复原，正常复腰率 15.97％±7.15％。与中梅山猪的杂交母猪（汉中猪、约中梅）比较，具有节约饲料、适应性强等特点。

同时发现汉小梅肉猪的后腿特别丰满，具有薄皮、细骨、低脂肪、高瘦肉率的特点，并先后加工三批"上海火腿"370 只与金华火腿进行比较，结果认为二者火腿各有千秋，不相上下（表 10-5、表 10-6）。

表 10-5　品评分数汇总

批次	组别	刀口色泽（cm）	香味（25）	鲜味（20）	嫩度（15）	总分
第一批	一组（上海）	8.94	20.45	17.07	13.55	58.66
	二组（金华）	8.85	23.32	18.43	12.66	62.04
第二批	一组（上海）	8.84	22.4	18.36	—	49.6
	二组（金华）	8.66	22.3	18.51	—	49.5

表 10-6　大腰肌营养成分分析

品种（类型）	头数	宰前活重（kg）	分析结果			
			水分（%）	粗蛋白质（%）	粗脂肪（%）	肌苷酸（光密度）
小梅山	2	64	74.71	18.36	3.35	0.108
金华	2	64.5	74.55	19.67	3.68	0.162
汉小梅	2	69	75.91	18.96	3.35	0.065

　　杨剑波等（2018）为充分开发与利用梅山猪优质种质资源，发挥梅山猪高繁殖力资源特性，结合市场对黑猪肉的消费持续强劲的情况，开展以巴克夏猪为父本，梅山猪为母本的黑猪新成员——巴梅猪选育。比较了梅山猪（M）、巴克夏×梅山杂交猪（BM 0）以及巴梅 1 代（BM 1）初产和经产繁殖性能（表 10-7、表 10-8）。总产仔数，M 纯繁、BM 0 和 BM 1 初产母猪平均分别为 12.30 头、12.50 头和 11.94 头，组间差异不显著。产活仔数（头/窝），M 纯繁、BM 0 和 BM 1 初产母猪平均分别为 11.40 头、11.50 头和 11.71 头，组间差异不显著。初生个体重（kg/头），M 纯繁、BM 0 和 BM 1 初产母猪平均分别为 0.90 kg、1.10 kg 和 1.12 kg，组间差异不显著。初生窝重，M 纯繁、杂交和 BM 1 初产母猪平均分别为 10.24 kg、12.60 kg 和 13.09 kg，组间差异极显著。21 日龄育成数，M 纯繁、BM 0 和 BM 1 初产母猪平均分别为 10.50 头、10.70 头和 11.06 头，组间差异不显著。21 日龄个体重，M 纯繁、BM 0 和 BM 1 初产母猪平均分别为 2.94 kg、3.33 kg 和 3.60 kg，组间差异不显著。21 日龄窝重，M 纯繁、B×M 杂交和 BM 初产母猪平均分别为 30.92

kg、35.65 kg 和 39.81 kg，组间差异不显著。

表 10-7　各组初产母猪的繁殖性能

组别性状	Ⅰ组（M）		Ⅱ组（BM 0）		Ⅲ组（BM 1）	
	N	$\bar{X}\pm S$	N	$\bar{X}\pm S$	N	$\bar{X}\pm S$
总产仔数（头/窝）	10	12.30±0.56	10	12.50±0.72	17	11.94±0.40
产活仔数（头/窝）	10	11.40±0.45	10	11.50±0.54	17	11.71±0.34
初生个体重（kg/头）	114	0.90±0.27	115	1.10±0.34	199	1.12±0.26
初生窝重（kg/窝）	10	10.24^B±0.37	10	12.60^A±0.71	17	13.09^A±0.58
21 日龄育成数（头/窝）	10	10.50±0.48	10	10.70±0.72	17	11.06±0.29
21 日龄个体重（kg/头）	105	2.94±0.90	107	3.33±1.07	188	3.60±0.88
21 日龄窝重（kg/窝）	10	30.92±1.74	10	35.65±4.16	17	39.81±3.14

注：M 为梅山猪，BM 0 为巴克夏×梅山杂交猪，BM 1 为巴梅猪；N：个体数；$\bar{X}\pm S$ 为平均数±标准误差；同一行中标有不同大写字母的表示组间差异极显著（$P<0.01$），无标示的表示组间差异不显著（$P>0.05$）。

对于经产母猪，总产仔数，M 纯繁、BM 0 和 BM 1 经产母猪平均分别为 13.61 头、13.13 头和 12.71 头，组间差异不显著。产活仔数，M 纯繁、BM 0 和 BM 1 经产母猪平均分别为 11.40 头、11.50 头和 11.71 头，组间差异不显著。初生个体重（kg/头），M 纯繁、BM 0 和 BM 1 经产母猪平均分别为 0.87 kg、1.03 kg 和 1.18 kg，组间差异不显著。初生窝重，M 纯繁、BM 0 和 BM 1 经产母猪平均分别为 10.90 kg、12.81 kg 和 13.96 kg，组间差异极显著。21 日龄育成数，M 纯繁、BM 0 和 BM 1 经产母猪平均分别为 11.42 头、11.53 头和 11.41 头，组间差异不显著。21 日龄个体重（kg/头），M 纯繁、BM 0 和 BM 1 经产母猪平均分别为 2.80 kg、3.36 kg 和 3.97 kg，组间差异不显著。21 日龄窝重（kg/窝），M 纯繁、BM 0 和 BM 1 经产母猪平均分别为 32.00 kg、38.77 kg 和 45.26 kg，组间差异极显著。经产巴梅猪与经产梅山猪纯繁、巴×梅杂交的产仔数、产活仔数及 21 日龄带仔数差异不显著，而巴梅猪的初生窝重及 21 日龄窝重都极显著高于梅山纯种猪与巴×梅杂交一代猪。

初产巴梅猪不仅很好地遗传了梅山猪的高产仔性能、良好的母性，还很好地展现了父本巴克夏猪的生长发育优势。相较于初产巴梅猪母猪，经产巴梅猪母猪的繁殖优势更为突出。

表 10-8　各组经产母猪的繁殖性能

组别性状	Ⅰ组（M）		Ⅱ组（BM 0）		Ⅲ组（BM 1）	
	N	$\bar{X}\pm S$	N	$\bar{X}\pm S$	N	$\bar{X}\pm S$
总产仔数（头/窝）	89	13.61±0.32	38	13.13±0.38	41	12.71±0.46
产活仔数（头/窝）	89	12.49±0.28	38	12.45±0.41	41	11.85±0.43
初生个体重（kg/头）	1 112	0.87±0.09	473	1.03±0.17	486	1.18±0.19
初生窝重（kg/窝）	89	10.90^C±0.33	38	12.81^B±0.64	41	13.96^A±0.70
21日龄育成数（头/窝）	89	11.42±0.30	38	11.53±0.36	41	11.41±0.45
21日龄个体重（kg/头）	1 016	2.80±0.31	438	3.36±0.56	468	3.97±0.63
21日龄窝重（kg/窝）	89	32.00^C±1.30	38	38.77^B±2.29	41	45.26^A±2.64

注：N：个体数；$\bar{X}\pm S$ 为平均数±标准误；同一行中标有不同大写字母的表示组间差异极显著（$P<0.01$），无标示的表示组间差异不显著（$P>0.05$）。

三、三元杂交

三元杂交即以梅山猪为基础的三品种杂交，目前瘦肉型猪生产常用三元杂交方式。首先以梅山猪作为母本与外种公猪作为第一父本进行杂交，产生的一代杂交母猪（F_1）留种，再用另外一种种公猪作终端父本进行杂交，三元杂交后代（F_2）为商品型猪，其外血占75%，胴体瘦肉率明显高于二元杂交猪。上海市畜牧兽医研究所与嘉定县种畜场等单位协作，以中型梅山猪为母本进行三元杂交组合试验，结果发现，汉大梅、杜汉梅为较佳组合。两组的平均日增重分别为615g和616g，每千克增重及配合饲料分别为3.65kg和3.64kg。胴体瘦肉率分别达到58.21%和56.78%。大梅和汉梅杂交母猪具有较好的繁殖性能，经产母猪平均产仔数在15头以上，其出生窝重和断乳窝重都超过纯种梅山母猪（表10-9）。

表 10-9　中型梅山猪三元杂交肉猪的育肥性能和胴体品质

母本	父本	头数	始重 (kg)	末重 (kg)	平均日增重 (g)	每千克增重需			屠宰头数	屠宰率 (%)	胴体重 (kg)	平均背膘厚 (cm)	眼肌面积 (cm²)	胴体瘦肉率 (%)	胴体脂肪率 (%)	胴体皮率 (%)	胴体骨率 (%)
						配合料 (kg)	DE (MJ)	DCP (g)									
汉梅	杜	8	20.19	90.44	664	3.01	58.52	497.99	4	73.02	61.13	2.51	35.83	61.79	19.73	8.33	10.16
长梅	杜	7	21.46	90.86	622	3.26	55.80	473.88	4	73.57	63.44	3.10	31.82	57.24	26.05	8.15	8.57
大梅	杜	1	19.50	91.64	627	3.17	54.51	461.33	4	71.27	61.56	2.55	30.38	58.42	23.71	7.56	10.31
杜梅	汉	7	20.93	90.07	610	3.75	62.25	530.52	4	75.09	63.81	2.90	32.51	59.17	23.76	7.94	9.13
长梅	汉	8	20.53	90.63	564	3.44	56.97	481.98	3	74.06	62.63	2.63	31.83	56.41	26.77	8.03	8.79
大梅	汉	7	21.14	90.43	579	3.41	58.40	505.57	3	75.15	62.85	2.96	29.41	54.33	30.51	7.03	8.13
杜梅	长	8	20.78	89.88	522	3.78	56.76	536.82	4	73.83	62.29	2.53	32.3	61.15	21.11	8.10	9.64
汉梅	长	8	22.56	89.63	654	3.12	56.85	480.42	4	73.84	61.85	2.60	33.55	59.45	23.04	8.12	9.39
大梅	长	8	20.19	90.19	654	3.09	—	—	3	73.32	62.31	2.43	34.88	58.65	25.42	6.76	9.17
杜梅	大	8	19.84	90.63	613	3.27	54.63	461.06	3	74.77	62.81	3.0	30.83	58.26	26.31	6.43	9
汉梅	大	8	21.09	90.63	696	2.93	52.08	489.35	3	74.38	63.75	22.78	31.47	57.32	27.68	7.06	7.95

四、中欧合成系

20世纪70年代以来梅山猪多次被欧美国家引入，并在异国他乡育成诸多专业化品种。作为高产母本，无论是现在还是今后梅山猪仍将是培育新品种的基因库。梅山猪自1979年引入法国起就受到法国畜牧界的高度重视，法国用以梅山猪血统为主的中国猪基因培育出了2个中欧合成系——嘉梅兰和太祖母。

梅山猪具有高产、早熟、高耐粗性、强适应性和适度的生长速度等优良性状，但也因其胴体质量差、瘦肉率低而使其在集约化饲养条件下，无法得到经济效益的最大化。法国国家农业科学院数量遗传和应用研究站研究人员对梅山猪进行了细致深入的研究，研究的项目不仅包括了所有针对品种本身的生理生化特点、繁殖和生产性状等，还对中国猪与欧洲猪的遗传杂交参数和经济利用价值做了大量的计算比较研究，以确定利用中国猪培育新品种的可能性及其在生产体系中的杂交位置。

研究主要的参数集中在对梅山猪和大白猪纯种之间的比较、纯种与回交产品之间的比较以及与横交产品之间的比较等（Bidanel等，1989；Bidanel等，1990；Bidanel，1992）。梅山猪与大白猪杂交时，梅山猪在繁殖性状和生长性能（产仔数和断乳数）上具有非常大的杂种优势，产仔数的直接杂种优势占到30%，同时生产性状基本均来自于直接杂种优势效应（表10-10）。梅山猪和大白猪纯种及其杂交一代的产仔数的差异，F_1代的产仔数与梅山猪基本接近，但也随胎次增长的趋势与大白猪相一致。

根据对梅山猪的系列研究，Bidanel（1988，1989）对未来中国猪种的利用提出了两大策略：①对中国猪种进行生产性状（生长速度和胴体品质）的选育，但选育需要过多的投入，育种公司往往会退却并放弃这个方案。②创建中欧合成品系并对之进行瘦肉生长的有效选择。建立一个50%中国血统和50%欧洲血统，虽然初期时生产性能将会损失一半，但如果加大选择强度、缩短世代间隔以及增加品系内遗传多样性，仍然会得到所期望的遗传进展。为了获得连锁不平衡，在品系第2～3世代不进行选育操作，也可防止有利基因过早被淘汰，而后针对生产性能进行3～4个世代的高强度选择。

表 10-10　梅山猪与大白猪纯种性能比较及杂种优势效应

项目	品种间差异	杂种优势效应	
	梅山-大白	直接 梅山×大白	母体 梅山×大白
性成熟日龄	−101	−50	—
乳头数（个）	3.4	0	0
窝产仔数（头）	3.1	0.9	2.3
断乳仔数（头）	2.6	1.2	2.3
成年体重（kg）	−98	27	0
孕期耗料（kg）	−21	16	0
日增重（g/d）	−230	187	29
料重比	0.9	0	0
屠宰率（%）	−3.8	0	0
背膘厚（mm）	11.8	0	0
瘦肉率（%）	−16	0	0
宰后 pH	0.12	0	0
肉色反光度（0～1 000）	−36	0	0
渗水时间（s）	10	0	0

（一）嘉梅兰

1. 基础群的构建及选育过程　嘉梅兰（Tiameslan）品系建设时分别于1983 年和 1985 年两次建群（品系 1 和品系 2），其初始的几个世代分别独立选育，直至 1988 年两系进行合并。该品系的基础群为 21 头梅山嘉兴杂交公猪，55 头每胎不少于 10 头断乳仔猪的拉康尼经产母猪，拉康尼品系是 1973 年以大白猪、皮特兰和汉普夏为基础培育而成，且在遗传学上一直保持群体封闭，而且在 1973 年至 1985 年之间基本为改良生长速度和胴体性能实行选育。

两系在合并之前用相同的方法进行世代交替，后代均来自于初产母猪以便得到最短的世代间隔和最大的遗传进展。合并时品系 1 处于第 4 世代，品系 2 处于第 2 世代，合并后的母猪则有机会跨世代生产。以后几个世代群体的数量基本保持在 50 头母猪、12 头公猪，并随代数逐步增加直至最后达到 200 头母猪、15 头公猪的育种群。

2. 性能测定及结果　嘉梅兰品系的繁殖性能测定记录有产仔数、产活仔数、死胎数、寄入寄出数、断乳数等。生长性能测定包括 28 日龄断乳重，8周龄起始测定体重和 22 周龄结束测定体重，有效乳头数和无效乳头数，3 个部位 6 个测点的平均背膘厚度。屠宰肉猪均在腿部被取出 150 g 的肉样进行肉品质测定，以及对群体 RN 基因位点进行检测。嘉梅兰品系的 11 个测定性状及其结果如表 10-11 所示，其中 4 个为生长性状，4 个为繁殖性状，育肥时间性能中 100 kg 日龄和 20 kg 日龄分别用以下两个公式估计：

$$A_{100} = 118.537\ 8 - 1.095\ 3W_{22wk} + 0.908\ 1D_{22wk}$$

$$A_{20} = 39.513\ 7 - 1.643\ 6W_{8wk} + 0.951\ 7D_{8wk}$$

式中，W_{8wk}、W_{22wk} 分别为 8 周龄和 22 周龄阶段的日龄；D_{8wk}、D_{22wk} 分别为 8 周龄和 22 周龄阶段的体重。

表 10-11　嘉梅兰品系 11 个性状的表型值及标准差

性状	平均数			标准差		
	公	母	平均	公	母	平均
背膘厚（mm）	10.7	12.7	11.7	2.5	3.9	3.4
育肥时间（d）	114.4	114.4	114.4	10	8.9	9.5
28d 体重（kg）	7.31	7.21	7.26	1.48	1.46	1.46
8 周龄体重（kg）	20.4	20.3	20.3	3	3.1	3.1
22 周龄体重（kg）	87.2	86.6	86.9	9.7	9	9.4
乳头数（个）	15.2	14.7	14.9	1.8	2.3	2.1
Napole 指数（点）	91.2	93.1	92	5.7	5.8	5.8
产仔数（头）		12			3.2	
产活仔数（头）		11.2			3.1	
断乳仔数（头）		10.1			2.9	
哺育率（%）		80.1			16.1	

（二）太祖母

1. 基础群的构建及选育过程　太祖母（Taizumu）基础群始建于 1995 年，33 头公猪来自于法系高产大白猪 33 个家系，母猪来自于两个地区，其中 24 头梅山母猪来自于阿尔卑斯地区的 Roanne-Cherve，另外 6 头梅山猪和 4 头梅山×嘉兴杂交母猪来自于法国国家农业科学院的 Magneraud 种猪场。基础群的后代和横交后代即第 1 和第 2 世代不作任何选择，以保持尽可能多的遗传资源和所有基因。第 3 世代至第 6 世代采用群体继代选育法进行选育，所有母猪均只用一胎。2001 年出生的个体进入第 7 世代。合成系群体规模为育种群母猪 300 头，扩繁群母猪 450 头。

2. 性能测定及结果　太祖母经过 10 多年的培育以后，品种形成时其繁殖性能具有非常好的遗传改进，在杂交体系中已经基本能胜任祖代的母本来应用（表 10-12）。生产性状除了背膘厚度在品种育成过程中（10 年）有较大的遗传改进外，其他性状基本保持在稳定的范围内（表 10-13）。

表 10-12　太祖母合成系的繁殖性能

性能指标	数量
每年每头母猪断乳仔猪数	29.2
窝产仔数	14.6
窝产活仔数	13.8
死胎数	0.9
窝断乳仔猪数	11.8

表 10-13　太祖母合成系的生产性能遗传改进量

	初始	结束	表型标准差
100kg 日龄	152	158	11
100kg 背膘厚（mm）	26.1	17.2	3.9
100kg 眼肌厚（mm）	43.9	49.3	3.5
瘦肉率（%）	51.7	54.5	
有效乳头数	14.93	15.88	1.3

第二节　主要产品加工及产业化开发

一、太仓肉松

梅山猪的主要特色产品之一是"太仓肉松"，其色黄，绒丝长，滋味鲜美，清香可口，肉质干燥，便于携带保存，最宜婴儿、病人、老年人食用，是江苏省太仓市特色食品中的珍品，妇孺皆知。

1. 历史发展　同治十三年（1874），太仓新科状元陆增详宴请宾客，厨师倪德忙中出错，竟将拿手绝活"五香焖肉"烧过了头，情急中倪厨师将红烧肉去油剔骨，将肉放在锅里拼命炒碎，做成一道黄灿发亮、香气袭人、相态蓬松的全新菜肴端上餐桌，并称其为"太仓肉松"，不料满桌轰动，被誉为"太仓一绝"。光绪十二年（1886），太仓昭忠祠旁开设了倪鸿顺肉松店。因慈禧太后、光绪皇帝对肉松的味道称赞有加，太仓肉松遂成为官礼物品，享誉四方。民间更是将其作为馈赠亲友的佳品，在市场上广为流传。太仓肉松色泽为金黄色或淡黄色，呈絮状，含有天然肉香，入口回味无穷，以高蛋白质、低脂肪著称，且营养丰富，老少皆宜，被誉为"中国食品一绝"，早在1915年就获得巴拿马国际食品博览会甲级奖，盛名享誉海内外。

倪鸿顺肉松店前店后坊，现炒现卖，家族继承直至1956年，实现公私合营。1958年倪鸿顺肉松店并入太仓食品加工厂，组建肉松车间；1980年在肉松车间基础上成立太仓县食品公司肉松厂；1984年3月成立国营太仓肉松厂；2000年7月成立太仓肉松食品有限公司。从此，"太仓肉松"这一民间特有佳品，正式由前店后坊的手工作业经营，进入到现代工业化规模生产时代，其制作工艺也在继承和发展中不断完善，至今仍完整沿用。

2. 选料考究　为什么太仓肉松能在长江中下游地区久享盛名？除了与其独特的加工工艺有关外，还与采用当地优良猪种的瘦肉作为原料分不开。梅山猪宰后其前后腿的瘦肉比例高，瘦肉中还均匀地夹杂部分脂肪，烧煮后肉丝质柔，纤维细而长，骨和肉分离容易，因此是加工太仓肉松的最好原料。此外，太仓肉松对原料的要求是绝对新鲜。一头猪从屠宰到下锅，要严格控制在4 h之内，而且选用的是只需4个月就长大的梅山猪。正宗的"太仓牌"肉松和市面上"太仓式"肉松的区别，很大程度上取决于肉质的新鲜与否。

3. 加工工艺　太仓肉松经切条、煮松、炒松、搓松4道工序制成。肉松耐贮存，一般情况下3～4个月不变质，真空密封可保存1年以上。

切条：选取梅山猪的后臀尖精肉或者是后腿精肉，及时去皮、去膘、去筋腱、去骨、分割，按猪瘦肉自然纹理切成长不小于15 cm，宽不小于10 cm的块状（重约0.75 kg），经冲洗后备用。

煮制：将切好的肉块放入锅内，加入清水，水面超过肉面3～5 cm，用大火烧开，撇去浮油、浮沫。放入生姜、大茴香（装入料袋），继续烧煮2 h后，加入黄酒。煮至肉块松散时，加入白糖，用铁铲轻轻翻动；半小时后加入酱油，继续烧煮。

炒干：煮至肉块松软、汤汁快要烧尽时，取出料袋，改用微火，用铲子压散肉块，进行翻炒。勤炒勤翻，直至炒干。肉的颜色逐步由灰棕色变为金黄色。

搓松：待汤汁炒干、肌肉纤维松散后，出锅，倒入干净的簸箕里（或食品盘），在木质搓板上用手反复搓松。第一遍搓散，第二遍再搓成绒毛状纤维，使之蓬松，并拣出较粗的肉质及杂质，冷凉后即为成品，用塑料包进行包装。有条件的，可用炒松机炒松，用搓松机搓成绒毛状，用真空包装机包装。

太仓肉松在烹制上有其独到之处：不断地翻煮，大锅内的原汁原汤，要在规定时间内全部收干在肉松里，肉又要煮到油脂全部泛起、滤尽，纤维酥而不烂。中间两次投放作料与翻炒的时间、火候前后最多相差几分钟。油脂含量、水分都要凭肉眼估计，肉一出锅就再也无法回锅重炒。因此，即便是炒好的肉松，经仪器分析后，往往也分为一、二、三等品。

二、上海火腿

1982年，上海市畜牧兽医站在对小型梅山猪开发利用研究中发现，汉普夏和小型梅山猪的杂交一代肉猪（简称汉小梅肉猪）的后腿特别丰满，具有薄皮、细骨、低脂肪、高瘦肉的特点，适宜于制作火腿，在食品公司的支持下，先后加工了三批"上海火腿"，共计370只。1985年9月和1987年3月组织了两次"上海火腿"品评会，分别有47位和45位专家代表对上海火腿和金华火腿从刀口色泽、香味、鲜味和老嫩度进行品评打分。结果认为两种火腿各有千秋，不相上下。在对上海火腿成品腿进行肉质营养成分分析，结果表明，上海火腿具有高蛋白、低脂肪、低灰分的特点。上海火腿的17种主要氨基酸含量均与金华火腿相似。但因后续原料和生产成本较高，上海火腿没有真正形成生产。但从试验结果可分析，小型梅山猪可通过二元杂交模式，开展相关的产品试推广，不失为当前小型梅山猪开发的新型利用实例。

三、万三蹄

"万三蹄"起源于明代江南巨富沈万三家，曾是用来招待贵宾的必备菜肴，当地称作万三肘子或万三蹄。万三蹄用料十分考究，以精选的肥瘦适中的猪后腿为原料，加入调好的配料，加水放入大号砂锅，经过一天一夜的煨煮或蒸焖，火候要历经数旺数文，以文火为主，煮熟的整只万三蹄热气腾腾，皮色酱红，外形饱满，香气四溢，肉质酥烂，肥而不腻。梅山猪是太湖猪中屠宰瘦肉率最高的品种，也是制作万三蹄要求的肥瘦适中猪后腿的上等原材料首选。

第三节　我国地方猪种遗传资源保护利用模式

地方猪的开发利用前景广阔，全国各地也都围绕地方猪种遗传资源的保护和利用开展了一系列的探索性工作，有些模式是非常值得借鉴和应用的。

一、荣昌猪模式

荣昌猪在资源保护与利用上，形成了以荣昌猪组织样本、精液、胚胎为主要形式的遗传资源冷冻保存库，以国家和市级遗传资源保护场、县级遗传资源扩繁场为载体的活体保种场，以散点保种农户为主要模式的保护区，荣昌猪保护区、保种场和冷冻库开放式动态三级保种体系。冷冻库已完成保存荣昌猪组织样本10 000余份、精液10 000余份、冻存卵母细胞200余枚、冻胚400余枚。荣昌猪活体保种场包括国家级荣昌猪资源保种场1个，有核心群母猪150余头，成年公猪23头，血缘11个；市级荣昌猪资源保种场1个，核心群母猪200余头、公猪22头；县级荣昌猪遗传资源扩繁场2个，存栏荣昌猪600头，主要用于保种扩繁。荣昌猪保护区包括了2个国家级保护区和2个市级保护区，4个保护区共有基础母猪6 000余头、公猪60余头。资源保护技术先进，成效显著。

荣昌猪在资源开发利用上，培育并推广新品系（配套系）2个。新荣昌猪Ⅰ系是重庆市养猪科学研究院和四川农业大学历经10年系统选育培育成功的第一个低外血含量的瘦肉型母本品系。新荣昌猪Ⅰ系保持了原荣昌猪繁殖力高、配合力好、肉质优良、适应性强等优良特性，又在瘦肉率、生长速度和饲料转化率等经济性状上大幅度提高。1995年通过品系审定并正式命名。成果先后获得1996年四川省人民政府科学技术进步一等奖，1997年"中国新技术新产品交易博览会"金奖。"渝荣Ⅰ号猪配套系"是以荣昌猪优良基因资源利用为基础，采用现代分子生物技术、信息技术、系统工程技术与常规育种技术有机结合培育的配套系。该配套系具有肉质优良、繁殖力好、适应性强等突出特性，配套系遗传性能稳定，体型外貌一致，综合生产性能优秀。2007年渝荣Ⅰ号猪配套系获得国家畜禽品种证书（农01新品种证字第14号）；2008年，渝荣Ⅰ号猪配套系入选农业部80个主推新品种，在全国推广；2009年，渝荣Ⅰ号猪配套系的培育及产业化开发项目获重庆市科技进步一等奖；2011

年和 2016 年"荣昌猪品种资源保护与开发利用"项目分别获重庆市科技进步一等奖和国家科技进步二等奖。目前还在开展荣昌猪高肌内脂肪含量专门化品系和烤乳猪专门化品系的培育。

荣昌猪在推广应用和品牌建设上，走出了自己的道路。2018 年，国务院批复同意荣昌高新技术产业开发区升级为国家高新技术产业开发区，成为全国首个以农牧为特色的国家级高新区，荣昌猪以 25.09 亿元品牌价值位居全国地方猪品牌价值榜首。

二、苏太模式

苏州苏太企业有限公司是国内较早开发优质肉专卖市场的企业之一。借助二花脸、梅山猪、枫泾猪等地方猪遗传资源，和具有自主知识产权的国家瘦肉型猪新品种——苏太猪，开展与外种猪之间的二元、三元杂交猪应用推广，积极实施产、加、销一体化、产业化经营。

苏州苏太企业有限公司依托苏太猪的品牌优势，2001 年成立苏州苏太肉类有限公司，在猪肉产品加工销售方面走在前列，将猪肉分成普通肉、优质肉、精品肉、极品肉等不同层次进行不同价位的专卖销售。其中，以外种猪或地方猪资源比例低于 12.5% 的杂交猪作为普通猪肉；以地方猪资源所占比例为 12.5% 以上、50% 以下的商品猪肉为优质猪肉；以地方猪资源所占比例为 50% 以上、75% 以下的为精品猪肉；以地方猪肉所占比重为 75% 以上的为极品猪肉。以"好看、好养、好吃、好卖"的特点，成为一个著名品牌，在苏州建立专卖店 40 余家，产品供不应求。

三、二花脸猪模式

二花脸猪模式是结合国内经济、人口、土地、资源等方面的特点，充分调动当地人民、地方政府、主管部门和科研院所各方面积极性，对国内地方猪遗传资源进行保护与利用的一种有力探索。2005 年，由原武进区焦溪镇兽医站牵头成立常州焦溪二花脸猪专业合作社，吸收 26 户饲养二花脸母猪的大户参加，聘请南京农业大学资深教授为技术顾问，以南京农业大学和武进区畜牧兽医站为技术依托单位，在全国首创以合作社发展种源产业的模式，积极探索了地方良种保种新体制。该合作社在发展大量社员的前提下，重点支持建设了 1 个公猪基地和 7 个母猪基地，每个母猪基地存栏 30～50 头母猪作为核心群，其中 1 个基地已经拥有母猪 100 多头。这种模式可以充分吸纳当地人民丰富的保种经验，调动他们的保种积极性。一批相对大型的种质资源基地的建设，发挥了其资金和技术优势，确保既分散又相对集中，形成二花脸猪核心群养殖区，便于技术指导、防疫和环保。

在产品开发方面，成功开发了焦溪扣肉、舜溪红烧肉等产品。2009 年，常州焦溪镇二花脸猪专业合作社获得中华人民共和国农产品地理标志登记证书。2010 年，建立二花脸猪品种资源保护区，包括郑陆镇和横山桥镇 2 个镇的 44 个行政村，面积 147.03 km²，大大提升了二花脸猪遗传资源的竞争力。2010 年，该保护区成为国家级地方猪遗传资源保护区，为地方畜禽品种资源保护提供了宝贵经验。通过多年探索实践，二花脸猪纯种猪数量不断增加，血统数量不断丰富，保种工作取得了较好的效果。

四、两广小花猪（陆川猪）模式

1999 年陆川县良种猪场两广小花猪（陆川猪）核心群能繁母猪存栏已减少到不足 60 头。2000 年后其保种工作力度才得到恢复和加强，采取保种场与保种区相结合的保种办法，对种质资源进行保护；制订《陆川猪保种区管理办法》和《陆川猪保种选育的要求》，完成《陆川猪保种规划》的制定和《陆川猪地方标准》修订。2007 年，陆川猪保种工作承包给广西神龙王集团，争取到保种基础设施建设国债项目资金 100 万元，加自筹资金共投入 126 万元，对猪舍和防疫基础设施进行改造，并建设陆川猪标准化规模养殖园区。2008 年陆川保种核心群有血统 6 个，母猪增加到 230 头，养殖园区扩繁群母猪1 500 头，五大保种区生产群母猪保持在 2.5 万头左右，猪精供应站 14 个，使核心群—扩繁群—生产群—供精站"三群一站"繁育体系建设得到逐步完善。积极拓展产品新加工基地，目前生产可供应的产品有冷鲜、腊制、酱卤、罐头、休闲食品、特色风味菜、肉干、肉脯等 8 个系列共 60 多个品种。2010 年销售陆川猪深加工产品1 300多 t，2011 年生产、销售持续增长。陆川猪深加工产品被评为中国著名品牌、中国优质产品、广西产品品牌；经中国农产品区域公用品牌价值评估，陆川猪品牌价值为 18.61 亿元。

五、莱芜猪模式

1973 年、1978 年建立 2 个保种场，现保种场存栏莱芜猪保种核心群 400

头；完成了 9 个世代的本品种选育，遗传性能更加明显稳定，生产繁育群扩大到 10 000 头。国内权威专家委员会鉴定："莱芜猪的保种选育与遗传资源创新利用"是我国地方猪种资源种质创新和育种研究的一次重大突破，莱芜猪作为"功勋种质"成功培育出多个适合我国国情的优质肉猪新品种及配套系，整体上达到了国际同类研究的领先水平。以莱芜猪为基础，成功培育出 1 个专门化母本新品种——鲁莱黑猪（2006 年通过国家畜禽新品种审定）；2 个专门化母系——莱芜猪合成Ⅰ系和莱芜猪合成Ⅱ系（2000 年通过省级鉴定）；2 个优质肉猪配套系——欧得莱猪配套系（2005 年通过省级鉴定）和鲁农Ⅰ号猪配套系（2007 年通过国家畜禽新品种/配套系审定，2010 年获国家科技进步二等奖）。

2006 年，为探索高档特色品牌猪肉的生产开发，组织成立"产业开发中心"，注册"莱芜黑猪"地理标志证明商标和"莱黑牌"猪肉产品商标。研究制定出一整套饲养管理、屠宰、分割、加工、包装及产品质量控制技术规程，经过科学调配，开发出冷鲜肉、烤肉、香肠等 3 大系列 20 多个品种的肉制品，通过推介，市场效应良好。2008 年，为加快推动莱芜猪产业化开发，做大特色品牌肉猪产业，将莱芜猪、鲁莱黑猪及相关产品的名称、商标（莱黑牌）使用权，繁育、饲养、加工控制技术等，转让给山东六润食品有限公司。几年来，山东六润食品有限公司投资 1 亿多元完成了繁育生产体系建设。年出栏、屠宰、加工 2 万头特色品牌肉猪，屠宰、加工、物流、市场体系也已初具规模，品牌与市场基础逐步形成。

六、苏淮猪模式

自苏淮猪通过国家级品种审定以来，淮安市及时启动了淮安黑猪产业化开发，围绕苏淮猪持续选育、扩繁推广、品牌创建、连锁专卖方面与高校、科研院所等积极拓展，苏淮猪新品种培育与推广应用先后荣获 2012—2013 年度中华农业科技奖科学研究成果二等奖、2013 年淮安市政府科技进步一等奖和 2014 年江苏省科学技术奖二等奖。在品种繁育体系上，组建了以淮阴种猪场为核心育种场，江苏峻德、华威农牧等为扩繁场的苏淮猪品种繁育体系。淮阴种猪场存栏苏淮猪核心群 680 头，13 个苏淮母猪扩繁场基础群已达到 1 800 多头，分布在扬州、徐州、淮安等地及安徽六安、山东阳谷等地，初步形成金字塔式育繁推体系雏形。

坚持保护和开发并重，成功申报"淮安黑猪"农业部农产品地理标志、"淮冠"牌淮阴黑猪国家农产品地理标志证明商标。淮安黑猪成为江苏省第二个取得农产品地理标志的畜禽产品。中央和省级媒体多次宣传报道淮安黑猪研发工作，品牌效应逐步扩大。积极响应农业部"送良种、惠百姓"活动，并聘请南京农业大学黄瑞华教授介绍苏淮猪选育过程及饲养管理要点，淮安黑猪以其优良的品质受到了广大养殖户的欢迎。淮安黑猪名扬全国，苏淮猪于2012年成为农业部主推品种。

　　淮阴种猪场、淮安快鹿公司、淮安华威公司、苏食集团都纷纷开展以淮安黑猪肉为产品的猪肉连锁专卖，在南京、盐城、淮安、合肥、上海等地设立了"淮黑猪肉"专卖店43个，猪肉以其肉香味美的优良品质获得广大市民的一致好评。

参 考 文 献

鲍顺根，章熙霞，鲁照见，等，1993. 小梅山猪近交系 2～4 世代选育一报 [J]. 畜牧与兽 医（3）：115-116.

陈鸿钊，王勇，章熙霞，1997. 小梅山猪近交系的选育和利用 [J]. 中国畜牧杂志（1）：26-27，48.

陈建生，2014. 中国梅山猪 [M]. 上海：上海科技出版社.

陈军，邢军，张建生，等，2009. 小梅山猪种质特性及研究进展 [J]. 中国畜禽种业，5（8）：45-47.

储明星，2001. 梅山猪合成系的研究进展 [J]. 黑龙江畜牧兽医（6）：34-36.

丁利军，吴井生，朱孟玲，等，2006. 小梅山猪种质指标测定与杂交利用分析 [J]. 中国 畜牧杂志（7）：4-6.

丁威，邢军，凌天星，等，2008. 小梅山猪品种资源保存与利用 [J]. 猪业科学，25（12）：96-97.

甘丽娜，钦伟云，杨建生，等，2017. 不同月龄中梅山猪体尺体质量及其生长增量的测定 分析 [J]. 江苏农业科学，45（13）：133-135.

高利华，马国辅，夏远方，等，2013. 小梅山猪性发育过程中生殖激素的变化规律 [J]. 江苏农业科学，41（9）：176-178.

葛云山，2009. 中日合作研究太湖猪（梅山）纪实 [J]. 猪业科学，26（7）：106-107.

葛云山，小松田厚，原宏，等，1998. 梅山猪的种质特性及杂交利用研究 [J]. 江苏农业 学报（4）：6.

葛云山，徐筠遐，董柯岩，祁晓峰，张顺珍，林志宏，1994. 梅山猪杂交试验（第一 报）[J]. 江苏农业科学（3）：58-60.

葛云山，徐筠遐，黄熙，刘铁铮，董柯岩，张顺珍，祁晓峰，徐晓波，孙佩元，林志宏，孙有平，原宏，小松田厚，1994. 梅山猪杂交试验（第二报）[J]. 江苏农业科学（6）：54-56.

郭苹，笪浩，肖安磊，等，2013. 小型梅山猪及其杂交一代母猪繁育性能的观测 [J]. 中 国畜牧杂志，49（21）：72-74.

郭苹，吴庆，陈永霞，等，应用计算机辅助精液分析系统对梅山猪公猪精子运动特征的研 究 [J]. 江苏农业科学，1-4.

姜培良，李守明，吴振新，1996. 梅山猪多元杂交组合配套试验报告 [J]. 上海畜牧兽医 通讯（1）：33-35.

凌天星，丁威，陈军，等，2006. 小梅山猪种质资源的保护 [J]. 中国畜禽种业（5）：42-45.

刘方，彭颖，张明，2013. 影响猪繁殖性状的数量性状位点（QTL）定位研究进展 [J]. 养猪 (1)：68-72.

刘颖，董文华，戴超辉，等，2014. 不同胎次梅山猪繁殖性能的比较分析 [J]. 黑龙江畜牧兽医 (11)：64-66.

刘宗华，张牧，2001. 杂交对小梅山猪肉品质的影响 [J]. 辽宁畜牧兽医 (3)：1-3.

刘宗华，张牧，邢军，2002. 杂交对小梅山猪肌肉营养成分的影响 [J]. 养猪 (4)：31-32.

陆林根，阙耀良，姜培良，等，1994. 小型梅山母猪泌乳力测定 [J]. 上海畜牧兽医通讯 (2)：10-11.

陆林根，张国平，姜培良，等，1995. 梅山猪育肥和产肉性能测定报告 [J]. 上海畜牧兽医通讯 (3)：11.

阙耀良，瞿剑平，朱玉清，等，1990. 上海火腿研制情况总结 [J]. 上海畜牧兽医通讯 (1)：9.

盛桂龙，张云台，阙耀良，等，1982. 梅山猪主要经济性状遗传参数的探讨 [J]. 上海畜牧兽医通讯 (3)：6-9.

史子学，陈建生，王勃，等，2017. 梅山猪及其抗病育种候选基因研究进展 [J]. 猪业科学，34 (10)：131-133.

帅启义，范春国，1998. 梅山猪杂交后代生长肥育性能观测 [J]. 畜牧与兽医 (6)：19-20.

帅启义，范春国，1994. 梅山猪杂交后代胴体品质的改良分析 [J]. 畜牧与兽医 (4)：159-160.

孙浩，王振，张哲，等，2017. 基于基因组测序数据的梅山猪保种现状分析 [J]. 上海交通大学学报（农业科学版），35 (4)：65-70.

王林云，2011. 中国畜禽遗传资源志·猪志 [M]. 北京：中国农业出版社.

王中达，1981. 太仓肉松与梅山猪 [J]. 上海畜牧兽医通讯 (1)：53.

吴德，杨凤，周安国，等，2001. 不同比例梅山猪血缘生长育肥猪肉质及肌纤维组织学特性研究 [J]. 四川农业大学学报 (3)：252-255.

吴德，杨凤，周安国，等，2001. 不同比例梅山猪血缘生长育肥猪生产性能和胴体品质研究 [J]. 四川农业大学学报 (2)：163-167.

吴德，杨凤，周安国，等，2001. 母猪繁殖力与仔猪生产效益研究 [J]. 养猪 (2)：9-12.

邢军，2007. 小梅山猪生长发育性状的观察 [J]. 中国畜禽种业 (10)：35-37.

邢军，陈军，吴井生，等，2013. 小梅山猪种质特性保存与利用的研究进展 [J]. 中国猪业，8 (S1)：79-81.

邢军，郭苹，笪浩，2013. 小型梅山猪胴体性状和肉质研究 [J]. 江苏农业科学，41 (10)：170-172.

许栋，陆雪林，沈富林，等，2017. 梅山猪公猪育成期生长曲线拟合的研究 [J]. 上海畜牧兽医通讯 (1)：44-45，47.

杨剑波，刘思维，丁昊，等，2018. 梅山猪与巴梅猪繁殖性能比较 [J]. 黑龙江畜牧兽医 (2)：65-66.

杨剑波，吴井生，丁威，等，2018. 梅山猪、巴梅杂交猪断奶至发情生殖激素水平变化研究［J］．黑龙江畜牧兽医（7）：88-90．

杨绍华，1986．不同近交程度与梅山母猪若干繁殖性状的关系［J］．中国畜牧杂志（5）：16-17．

尹洛蓉，李学伟，吕学斌，等，2011．梅山猪多产性研究［J］．西南大学学报（自然科学版），33（8）：37-41．

张德福，张似青，2002．国外对梅山猪的研究现状及其进展（综述）［J］．上海农业学报（3）：82-86．

张凤宸，1984．梅山猪产仔力的遗传力估测［J］．上海农学院学报（1）：53-56．

张似青，2005．含中国梅山猪血液的中欧合成系培育进程［J］．动物科学与动物医学（8）：76-79．

张似青，陆林根，张江，等，2007．梅山猪繁殖性状遗传参数及其影响因子分析［J］．养猪（1）：52-54．

张文灿，1983．太湖猪的表型遗传参数和选择指数的研究（一）［J］．畜牧兽医学报（1）：25-34．

张勇，张牧，2003．中国梅山猪在日本——日本对梅山猪特性的研究［J］．动物科学与动物医学（6）：63-65．

张照，1990．中国太湖猪［M］．上海：上海科学技术出版社．

张云台，周少康，葛耀庭，等，1984．梅山母猪泌乳力和乳汁成分测定［J］．上海畜牧兽医通讯（2）：11-14．

赵明珍，王宵燕，宋成义，等，2007．小梅山猪发情周期生殖激素变化的研究［J］．扬州大学学报（农业与生命科学版）（4）：33-35．

赵志龙，朱恒顺，张云台，等，1984．梅山猪杂交配套提高瘦肉率的研究［J］．上海农业科技（1）：23-25．

郑丕留，1985．中国猪在法国的杂交试验结果简介［J］．国外畜牧科技（5）：7-10．

周林兴，张云台，盛桂龙，等，1981．梅山猪生殖生理研究——Ⅰ．母猪发情、排卵规律及受精率的观察［J］．上海畜牧兽医通讯（2）：4-7．

周林兴，张云台，盛桂龙，等，1982．梅山猪生殖生理研究——Ⅱ．母猪生殖器官发育及组织学观察［J］．上海畜牧兽医通讯（4）：1-6．

朱志谦，郭苹，笪浩，等，2018．苏梅猪选育进展初报——BM_0～BM_2世代猪的生长发育研究［J］．中国畜牧杂志，54（6）：57-60．

Prunier A，Chopineau M，Mounier AM，et al，1993．Patterns of plasma LH，FSH，oestradiol and corticosteroids from birth to the first oestrous cycle in Meishan gilts［J］．*Reprod Fertil*，98（2）：313-319．

Dyck G W，1971，Puberty，postweaning estrus and estrous cycle length in Yorkshire and Lacombe swine［J］．Can J Anim Sci（51）：135．

附　录

附录一　《小梅山猪》
（DB32/T 1393—2009）

ICS 65.020.30
B 43
备案号：

DB32

江　苏　省　地　方　标　准

DB32/T 1393—2009

小　梅　山　猪

Xiaomeishan　pig

2009-05-26 发布 　　　　　　　　　　　　　2009-07-26 实施

江 苏 省 质 量 技 术 监 督 局 发布

前　言

为规范我省小梅山猪品种鉴别和生产、科研工作中对种猪进行分级评定，特制定本标准。

本标准按 GB/T 1.1—2000《标准化工作导则　第 1 部分：标准的结构和编写规则》、GB/T 1.2—2002《标准化工作导则　第 2 部分：标准中规范性技术要素内容的确定方法》的规定进行编写。

本标准附录 A 为规范性附录、附录 B 为资料性附录。

本标准由江苏农林职业技术学院、镇江市句容质量技术监督局提出。

本标准由江苏农林职业技术学院起草。

本标准主要起草人：邢军、丁威、樊月钢、吴井生、陈军、赵勇。

本标准于 2009 年 5 月 26 日首次发布。

小 梅 山 猪

1 范围

本标准规定了小梅山猪的品种特征特性、等级评定和种猪选留标准。

本标准适用于我省范围内的小梅山猪品种鉴定和等级评定，供其他省区参考。

2 品种特征、特性

2.1 外貌特征

小梅山猪体型小，身体紧凑细致，头较小，耳中大下垂，面略狭而清秀，嘴筒较长，额面皱纹浅而少，背腰平直，臀部丰满，四肢结实。被毛以黑毛为主，四肢、鼻吻及尾巴尖部被毛白色，少部分腹下为白色，俗称"四脚白"。平均有效乳头为 8～9 对。

2.2 生长发育性状

24 月龄公猪体重 120～140 kg，体长 120～132 cm，体高 75～85 cm，胸围 120～130 cm，腿臀围 70～88 cm，管围 18～23 cm；母猪相应为：110～130 kg，115～126 cm，62～72 cm，104～120 cm，66～80 cm，15～20 cm。

2.3 生产性能

2.3.1 繁殖性能

母猪初情期平均 70～80 日龄，6～8 月龄初配；公猪第一次爬跨射精为 75～90 日龄，8 月龄初配；初产母猪平均产活仔数 10 头以上，3～7 胎经产母猪平均产活仔数 14 头以上。

2.3.2 肥育性能

日粮粗蛋白质 14%左右，消化能 12 MJ/kg 左右的条件下，20～75 kg 育肥期间，平均日增重 380～420 g，料重比（3.3～4.0）∶1。

2.3.3 胴体性状

75kg 左右屠宰，屠宰率 65%～70%，腿臀比例 30%～35%，瘦肉率 40%～46%，骨骼比例 8%～11%，平均背膘厚 3.0～3.6 cm，皮厚0.33～

0.42 cm。

3　种猪等级评定

3.1　种猪必备条件

种猪必备条件是各个生理阶段的种猪都必须具备的共同要求。必备条件缺一者，属于失格，不列入评定分级的范围。种猪必备条件如下：

3.1.1　外貌特征符合本品种标准；

3.1.2　睾丸、阴户发育正常，有效乳头 8 对以上，无瞎乳头、副乳头，两排乳头间距适中；

3.1.3　无遗传疾患，健康状况良好；

3.1.4　来源和血缘清楚，系谱相关资料齐全。

3.2　种猪评定标准

种猪按 2 月龄、6 月龄、12 月龄、24 月龄四个阶段分级评定，具体评分标准见附录 A。

3.3　种猪分级标准

采用百分制计分对各阶段的每个评定项目给予评分，各项目所得分数总和，为该种猪相应阶段所得总分。各阶段种猪分级以总分为依据，合格种猪分为三级，分级标准如下：

　　　　a)　　一级 90 分及以上；

　　　　b)　　二级 76～89 分；

　　　　c)　　三级 60～75 分。

4　种猪选留标准

4.1　各阶段评定等级不低于三级。

4.2　按规定程序免疫，健康无病。

4.3　种猪系谱及相关资料齐全。

附 录 A

（规范性附录）

各阶段种猪评分标准

表 A.1　2 月龄种用仔猪评分标准

评　定　项　目	标　　准　　及　　评　　分					
2 月龄体重（kg）	12	11	10	8	8	7
评　分	55	51	47	43	39	35
28 日龄断乳同胞数（头）	14	13	12	11	10	9
评　分	15	13.5	12	11	10	9
2 月龄全窝重（kg）	140	130	120	110	100	90
评　分	15	14	13	12	11	10
双亲平均评分等级	1	2	3			
评　分	15	10	6			

表 A.2　6 月龄后备公猪评分标准

评　定　项　目	标　准　及　评　分				
活体背膘厚（cm）	1.9	2.0	2.1	2.2	2.3
评　分	26	23	20	17	14
日增重（g）	400	390	380	370	360
评　分	24	21	18	15	12
父亲所配的 4 头以上母猪的头胎平均产仔数	11	10	9	8	7
评　分	16	14	12	10	9
体重（kg）	42	39	36	33	30
评　分	14	13.5	12.5	12	11
体长（cm）	88	83	78	73	68
评　分	10	9	8	7	6
腿臀围（cm）	55	52	49	46	43
评　分	10	9	8	7	6

表 A.3　6 月龄后备母猪评分标准

评 定 项 目	标　准　及　评　分				
体重（kg）	46	43	40	37	34
评分	60	54	48	42	36
体长（cm）	95	90	85	80	75
评分	20	18	16	14	12
腿臀围（cm）	62	59	56	53	50
评分	20	18	16	14	12

表 A.4　12 月龄种公猪评分标准

评 定 项 目	标　准　及　评　分				
日增重（g）	430	420	410	400	390
评　分	20	18	16	14	12
每千克增重耗料量（kg）	3.3	3.5	3.7	3.9	4.0
评　分	16	14	12	10	9
活体背膘厚（cm）	3.1	3.2	3.4	3.6	3.8
评　分	20	18	16	14	12
皮厚（cm）	0.33	0.35	0.37	0.39	0.42
评　分	10	9	8	7	6
体重（kg）	135	130	125	120	110
评　分	14	13.5	12.5	12	11
体长（cm）	118	112	106	100	94
评　分	10	9	8	7	5
腿臀围（cm）	73	70	67	64	61
评　分	10	9	8	7	5

表 A.5　12 月龄种母猪评分标准

评 定 项 目	标　准　及　评　分					
产活仔数（头）	11	10	9	8	7	6
评　分	25	23	21	19	17	15
28 日龄断乳窝重（kg）	70	65	60	55	50	45
评　分	45	42	39	36	33	30
体重（kg）	90	85	80	75	70	65
评　分	8	7	6	5	4	3
体长（cm）	120	114	108	102	96	90
评　分	12	11	10	9	8	7
腿臀围（cm）	80	77	74	71	68	65
评　分	10	9	8	7	6	5

表 A.6 24 月龄种公猪评分标准

评 定 项 目	标 准 及 评 分				
日增重（g）	490	470	450	430	410
评 分	20	18	16	14	12
每千克增重耗料量（kg）	3.4	3.6	3.8	4.0	4.2
评 分	16	14	12	10	9
活体背膘厚（cm）	3.3	3.5	3.7	3.8	4.0
评 分	20	18	16	14	12
皮厚（cm）	0.33	0.36	0.39	0.42	0.45
评 分	10	9	8	7	6
体重（kg）	140	130	120	110	100
评 分	14	13.5	13	12.5	12
体长（cm）	135	130	125	120	115
评 分	10	9	8	7	6
腿臀围（cm）	86	82	78	74	70
评 分	10	8	6	5	4

表 A.7 24 月龄种母猪评分标准

评 定 项 目	标 准 及 评 分					
二胎以上平均产活仔数（头）	15	14	13	12	11	10
评分	25	23	21	19	17	15
28 日龄断乳窝重（kg）	90	85	80	75	70	65
评分	45	42	39	36	33	30
体重（kg）	135	130	125	120	115	110
评分	8	7	6	5	4	3
体长（cm）	130	126	122	118	114	110
评分	12	11	10	9	8	7
腿臀围（cm）	80	77	74	71	68	65
评分	10	9	8	7	6	5

附　录　B

（资料性附录）

种猪评定分级登记表

表 B.1　2 月龄小梅山猪种用仔猪评定分级登记表

所属单位：　　　　　　　　　　　　　评定日期：

猪号	性别	出生日期	有效乳头（只）	双亲表现			1		2		3		总分	等级
				父号与等级	母号与等级	评分	体重（kg）	评分	28 日龄断乳同胞（头）	评分	60 日龄全窝重（kg）	评分		

表 B.2　6 月龄小梅山猪后备种猪评定分级登记表

所属单位：　　　　　　　　　　　　　评定日期：

猪号	性别	出生日期	有效乳头（只）	双亲表现		1		2		3		4		5		6		总分	等级
				父号与等级	母号与等级	活体背膘厚（cm）	评分	日增重（g）	评分	体重（kg）	评分	父亲所配的母猪的头胎平均产仔数（头）	评分	体长（cm）	评分	腿臀围（cm）	评分		

表 B.3　12 月龄小梅山猪种公猪评定分级登记表

所属单位：　　　　　　　　　　　　　评定日期：

猪号	出生日期	管围（cm）	有效乳头（只）	双亲表现		1		2		3		4		5		6		7		8		总分	等级
				父号与等级	母号与等级	活体背膘厚（cm）	评分	瘦肉比例（%）	评分	皮厚（cm）	评分	日增重（g）	评分	耗料量每千克增重（kg）	评分	体重（kg）	评分	体长（cm）	评分	腿臀围（cm）	评分		

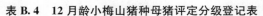

表 B.4 12月龄小梅山猪种母猪评定分级登记表

所属单位：　　　　　　　　　　　　　　　　　　评定日期：

| 猪号 | 出生日期 | 管围（cm） | 有效乳头（只） | 双亲表现 | | 1 | | 2 | | 3 | | 4 | | 5 | | 总分 | 等级 |
				父号与等级	母号与等级	产活仔数（头）	评分	28日龄断乳窝重（kg）	评分	体重（kg）	评分	体长（cm）	评分	腿臀围（cm）	评分		

表 B.5 24月龄小梅山猪种公猪评定分级登记表

所属单位：　　　　　　　　　　　　　　　　　　评定日期：

| 猪号 | 出生日期 | 管围（cm） | 有效乳头（只） | 双亲表现 | | 1 | | 2 | | 3 | | 4 | | 5 | | 6 | | 7 | | 8 | | 总分 | 等级 |
				父号与等级	母号与等级	活体背膘厚（cm）	评分	瘦肉比例（%）	评分	皮厚（cm）	评分	日增重（g）	评分	耗料量每千克增重（kg）	评分	体重（kg）	评分	体长（cm）	评分	腿臀围（cm）	评分		

表 B.6 24月龄小梅山猪种母猪评定分级登记表

所属单位：　　　　　　　　　　　　　　　　　　评定日期：

| 猪号 | 出生日期 | 管围（cm） | 有效乳头（只） | 双亲表现 | | 1 | | 2 | | 3 | | 4 | | 5 | | 总分 | 等级 |
				父号与等级	母号与等级	产活仔数（头）	评分	28日龄断乳窝重（kg）	评分	体重（kg）	评分	体长（cm）	评分	腿臀围（cm）	评分		

附录二　《小梅山猪养殖技术规程》
（DB32/T 1394—2009）

ICS 65.020.30
B 43
备案号：

DB32

江　苏　省　地　方　标　准

DB32/T 1394—2009

小梅山猪养殖技术规程

Technical regulation of xiaomeishan pigs

2009-05-26 发布　　　　　　　　　　2009-07-26 实施

江 苏 省 质 量 技 术 监 督 局 发布

前 言

为规范我省小梅山猪品种养殖技术，特制定本标准。

本标准按 GB/T 1.1—2000《标准化工作导则　第 1 部分：标准的结构和编写规则》、GB/T 1.2—2002《标准化工作导则　第 2 部分：标准中规范性技术要素内容的确定方法》的规定进行编写。

本标准附录 A、附录 B 为规范性附录。

本标准由江苏农林职业技术学院、镇江市句容质量技术监督局提出。

本标准由江苏农林职业技术学院起草。

本标准主要起草人：陈军、丁威、骆桂兰、邢军、吴井生、樊月钢、赵勇。

本技术规程于 2009 年 5 月 26 日首次发布。

小梅山猪养殖技术规程

1　范围

本标准规定了小梅山猪养殖技术规程、后备公母猪饲养管理、种公猪饲养管理、妊娠母猪饲养管理、哺乳母猪饲养管理、哺乳仔猪饲养管理、保育猪饲养管理、生长育肥猪饲养管理、疾病防制。

本标准适用于江苏省年出栏商品猪 300 头以上的小梅山猪养殖场。

2　规范性引用文件

下列文件中的条款通过本标准的引用而成为本标准的条款。凡是注日期的引用文件，其随后所有的修改单（不包括勘误的内容）或修订版均不适用于本标准，然而，鼓励根据本标准达成协议的各方研究是否可使用这些文件的最新版本。凡是不注日期的引用文件，其最新版本适用于本标准。

GB 16549　《畜禽产地检疫规范》

GB 16567　《种畜禽调运检疫技术规范》

GB/T 17823—1999　《中小型集约化养猪场兽医防疫工作规程》

NY/T 636—2002　《猪人工授精技术规程》

3　后备公母猪饲养管理

3.1　饲养

3.1.1　饲养标准和日喂量参阅附录 A 小梅山猪饲养标准。

3.1.2　每月称测体重，及时调整饲喂量。

3.1.3　公、母猪实行分组饲养，后备母猪以精料为主，适当搭配青饲料。后备公猪以精料为主。

3.1.4　小梅山后备公猪因性成熟太早，不思采食而影响生长发育，应加强运动和饲喂。

3.2　管理

3.2.1　分群

3 月龄后，公、母后备猪实行分组饲养。

3.2.2　选种

2 月龄、6 月龄、12 月龄、24 月龄对后备公、母猪各进行一次评定和选择。

3.2.3　调教

进行三点定位调教、人猪亲和调教。

3.2.4　适时配种

初配年龄 6～7 月龄，体重是成年种猪体重的 55％左右即可初配。

4　种公猪饲养管理

4.1　饲养

4.1.1　成年种公猪日粮营养标准及日饲喂量参照附录 A 小梅山猪饲养标准。

4.1.2　湿拌料或干料，日喂两次。

4.1.3　供给充足清洁饮水。

4.2　管理与利用

4.2.1　单圈饲养

每圈 6～7 m²。

4.2.2　每天清扫圈舍两次，刷拭猪体一次。

4.2.3　运动

每天跑道中运动 1 h，1.5 km 左右。

4.2.4　调教年龄

公猪采精调教年龄为 5～6 月龄，体重 50～60kg。

4.2.5　利用

青年公猪每周采精 1～2 次，休息 5～6 d；成年公猪每周采精 5～6 次，休息 1～2 d。非配种期每 15 d 采精一次，并进行精液相关检查。采精按标准 NY/T 636—2002《猪人工授精技术规程》操作。利用年限一般 4 年左右。

5　妊娠母猪饲养管理

5.1　饲养

5.1.1　妊娠前期（配种～怀孕 84 d）和妊娠后期（怀孕 85 d～产前）饲养标准和日喂量参阅附录 A 小梅山猪饲养标准。

5.1.2　实行小群群饲，每天饲喂 2～3 次，视母猪体况采用限制饲喂。前期八成膘，后期九成膘，增喂青绿多汁饲料，每头每天 2 kg 左右。

5.2　管理

5.2.1　调群

产前 7d 调入产房。

5.2.2　保胎防流

不要强行驱赶，防止打架、滑跌。

6　哺乳母猪饲养管理

6.1　饲养

6.1.1　产前产后适当减料，产仔当天可不喂料，只给温麸皮盐水汤。

6.1.2　哺乳母猪饲养标准和日喂量参阅附录 A 小梅山猪饲养标准。小梅山母猪泌乳量大，对瘦母猪可高于规定日喂量（看猪喂料）。

6.2　管理

6.2.1　产前准备

产前 10 d 准备好产房，母猪提前 7 d 转入产房，准备好接产工具及药品。

6.2.2　分娩前后护理

小梅山猪母性好，自理能力强，常规护理即可。

6.2.3　保持环境安静，保证圈舍清洁干燥，空气新鲜。

7　哺乳仔猪饲养管理

7.1　饲养

7.1.1　人工辅助固定奶头，吃足初乳，弱小仔猪固定在前面 2～3 对奶头。

7.1.2　2～3 日龄补铁、硒。

7.1.3　7 日龄开始引料；及时补料，自动料槽自由采食。

7.2　管理

7.2.1　仔猪接产

仔猪产出后迅速擦干口鼻及全身黏液，离腹部 5cm 处断脐、消毒。

7.2.2　护理

产房配有保温设施；小梅山猪母性好，无需特殊防压设施。

7.2.3 寄养

小梅山猪产仔多，应及时做好寄养工作。

7.2.4 称重、编号、登记

仔猪产后 12 h 内称重、编号，做好分娩记录。

7.2.5 剪牙、断尾、阉割

仔猪出生后即剪除犬齿，杂交猪断尾（纯种不断尾），20～25 日龄阉割。

7.2.6 断乳

28～35 日龄早期断乳，赶母留仔。

8 保育猪饲养管理

8.1 饲养

8.1.1 断乳后第一周内逐步过渡为保育料，饲料中添加抗生素或添加剂。

8.1.2 全期实行自由采食、自由饮水。

8.2 管理

8.2.1 分群

采用网床饲养，每窝一栏，每头面积 0.3 m²，全进全出。

8.2.2 环境管理

保持圈内温度 25℃以上，通风良好，清洁卫生，干燥。

9 生长育肥猪饲养管理

9.1 饲养

9.1.1 粉料或颗粒料自动料槽内饲喂，自由饮水。

9.1.2 生长育肥的饲养标准参见附录 A 小梅山猪饲养标准。

9.1.3 55 kg 前自由采食，55 kg 至上市前为自由采食量的 80％。

9.2 管理

9.2.1 组群

每窝一栏；或按大小分群，每群 10～20 头。密度：3～4 月龄每头 0.6 m²，4～6 月龄每头 0.8 m²，以后为每头 1 m²。

9.2.2 环境管理

温度控制在 16～21℃。每天清扫猪舍两次。

9.2.3　出售

全进全出，二元商品肉猪体重 80～85kg 上市，三元商品肉猪体重 90～95kg 上市。

10　疾病防制

10.1　防疫管理

按照《中华人民共和国动物防疫法》和 GB/T 17823—1999 的各项规定，落实动物防疫措施。引入种猪按照 GB 16567 及其他相关要求执行。猪只出场按照 GB 16549 规定实施产地检疫，检疫合格后出具动物检疫合格证明，凭证上市或运输。

10.2　疾病预防

10.2.1　猪场规划要"三区两道"分开，有健全的排污及粪便处理系统。

10.2.2　清洗、消毒

健全各项卫生、消毒（含圈舍、设备的清洗）制度，每周带猪消毒 1～2 次。

10.2.3　驱虫

选用高效、安全、广谱、低残留的抗寄生虫药定期对不同猪群实施驱虫。

10.2.4　免疫

各类猪根据附录 B 免疫计划进行免疫。

10.3　疫病的扑灭

根据《中华人民共和国动物防疫法》规定的疫病种类和所辖地动物防疫监督机构的要求，分别做好染疫猪群的封锁、扑杀、隔离、消毒、防治和净化工作。

附 录 A

（规范性附录）

小梅山猪饲养标准

本标准所规定的种猪生长发育和生产性能标准，是以中等饲养水平为基础的。小梅山猪饲养水平见表 A.1。

表 A.1 小梅山猪饲养标准

类别	阶段	可消化能（kJ）	可消化粗蛋白质（g）	钙（g）	磷（g）	食盐（g）	风干料量（kg）	能量浓度（kJ/kg）	能朊比
公猪	非配种期	16 318	130	5	4	6	1.5	10 878	30：1
	配种期	20 460	180	6	5	7	1.6	12 552	27：1
母猪	妊娠前期	14 309	98	5	4	6	1.42	10 042	35：1
	妊娠后期	17 154	137	8	6	8	1.58	10 878	30：1
	哺乳期	37 656	333	29	20	25	3.0	12 552	27：1
后备猪	10～25kg	10 753	106	5	4	4	0.85	12 552	25：1
	25～40kg	13 807	122	6	5	5	1.2	11 715	27：1
	40～55kg	17 154	152	9	7	6	1.6	10 878	27：1
保育猪	9～25kg	13 022	112	9	7	3	自由	—	28：1
育肥猪	15～30kg	14 058	134	8	5	6	自由	—	25：1
	30～55kg	18 493	164	9	7	8	自由	—	27：1
	55kg至上市	27 614	220	13	9	10	限饲	—	30：1
仔猪	哺乳期	仔猪哺乳期补料，每头 15～20kg。补料中可消化粗蛋白质含量 15％以上，能量浓度不低于 13 806kJ/kg。							

附　录　B

（规范性附录）

小梅山猪免疫规程

本规程根据小梅山猪育种中心现有防疫情况和近期疾病流行情况编制，见表 B.1。

表 B.1　小梅山猪免疫技术规程

猪群	疫苗名称	接种日龄	接种剂量	备注
后备猪	蓝耳病苗	155/176	1头份	配种前
	细小病毒苗	162	2头份	
	伪狂犬病苗	182	2头份	
	猪瘟苗	169	6头份	
	口蹄疫苗	189	4mL	
	驱虫	196	参照说明书	
妊娠母猪	蓝耳病苗	产前48d	参照说明书	
	口蹄疫苗	产前42d	参照说明书	
	伪狂犬病苗	产前45d	参照说明书	
	腹泻两联苗	产前25d	1头份	
	猪瘟脾淋苗	产前20d	2头份	
	K88K99	产前20d	1~2头份	
哺乳母猪	蓝耳病苗	产后10d	2mL	按日龄接种
	猪瘟苗	产后20d	4头份	
	细小病毒苗	产后25d	1头份	
哺乳仔猪	气喘病苗	14日龄	2mL	
	蓝耳病苗	20日龄	1头份	
	猪瘟苗	25日龄	1头份	
	伪狂犬病苗	32日龄	1头份	

（续）

猪群	疫苗名称	接种日龄	接种剂量	备注
后备猪	猪瘟苗	60日龄	4头份	
	猪肺疫、猪丹毒、二联苗	60日龄	另一耳后1头份	
	口蹄疫苗	70日龄	2.5mL	
育肥猪	猪瘟苗	60日龄	4头份	
	猪肺疫、猪丹毒、二联苗	60日龄	另一耳后1头份	
	口蹄疫苗	70日龄	参照说明书	
种公猪	伪狂犬病苗	3月1日/7月1日/11月1日	1头份	
	猪瘟苗	3月7日/7月7日/11月7日	4头份	
	口蹄疫苗	3月14日/7月14日/11月14日	4mL	
	蓝耳病苗	3月21日/9月21日	4mL	
	细小病毒苗	3月28日/9月28日	2头份	
全群防疫	乙脑苗	4月15日	1头份	后海穴
	传流二联苗	10月1日	3mL	

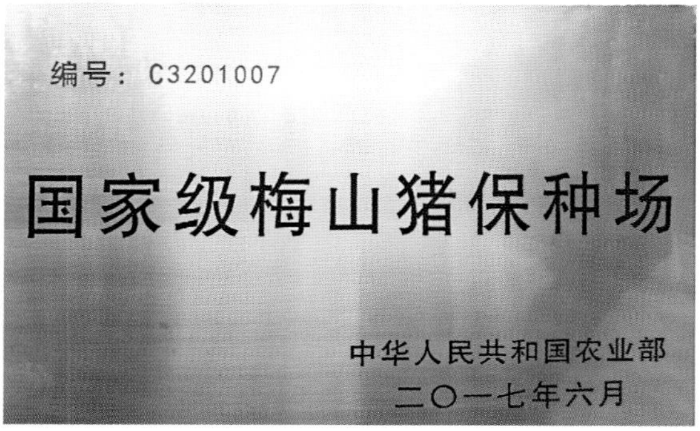

编号：C3201007

国家级梅山猪保种场

中华人民共和国农业部
二〇一七年六月

图1　国家级梅山猪保种场

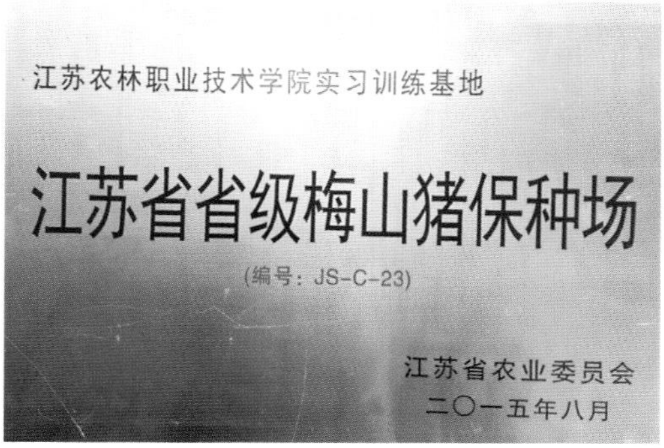

江苏农林职业技术学院实习训练基地

江苏省省级梅山猪保种场

（编号：JS-C-23）

江苏省农业委员会
二〇一五年八月

图2　江苏省省级梅山猪保种场

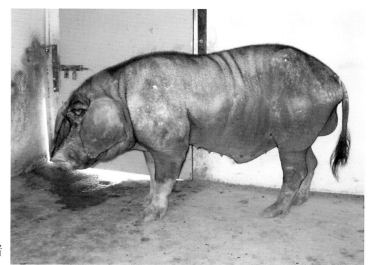

图3　梅山猪公猪

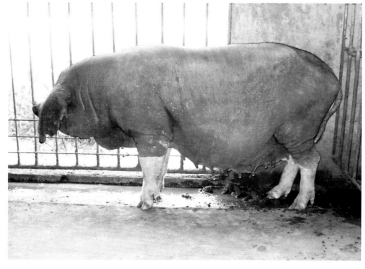

图4　梅山猪母猪

图5 梅山猪妊娠母猪群

图6 梅山猪后备母猪群

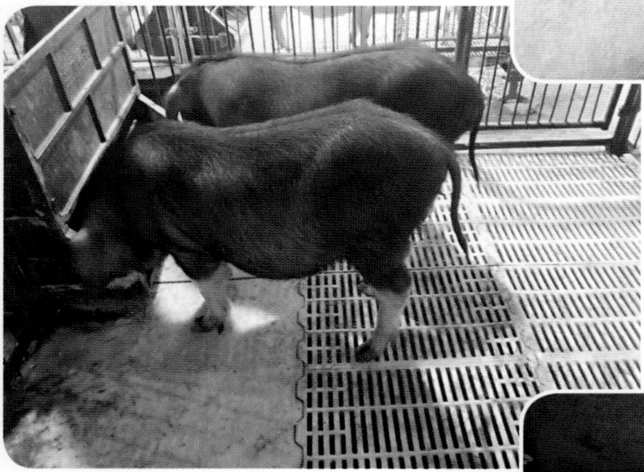

图7 梅山猪保育猪

图8 梅山猪仔猪

图9　梅山猪仔猪

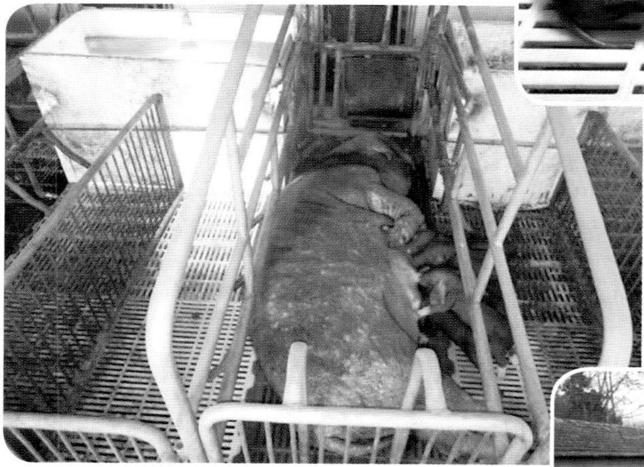

图10　母猪哺乳

图11　运动场

图12　公猪舍

图13　配怀舍

图14　保育舍

图15　分娩舍